中国近代伦理学文献丛刊

第四部分·第三册

李义天　张远航◎主编

CCTP
中央编译出版社
Central Compilation & Translation Press

出版说明

中国近代伦理学文献丛刊共计收录中国近现代伦理学文献三十二种，分作四辑，每辑所收文献按当时出版时序排列。本次整理，皆按底本影印，以存文献版本旧貌。底本原文或有舛错，本次整理未予订正，如伦理学（斯宾挪莎著，伍光建译）第一册第十一题目录作『神或本质原为无限属性所备造而成者而每一个属性则是发表永恒及无限然则神或本质要素者是必然有者』，但正文却为『神或本质原为无限属性所备造而成者而每一个属性则是发表永恒及无限然不神或本质要素者是必然有者』，虽神与不神仅一字之差，但意迥然不同；又如日本元良勇次郎著伦理学第二十四章目录作『纳税兵役之义务』，而正文却为『国家伦理　纳税与兵役之义务』，差异明显。此外，底本皆为繁体中文，本次整理，唯前言、目录及书眉等整理文字，为适宜今人阅读，皆作简体中文。特此说明。

前言

李义天

中国有着悠久的伦理文化传统与伦理思想传统。自先秦、经汉唐、至明清，前人先贤围绕善恶、是非、义利、廉耻等问题展开的讨论及其形成的知识成果，为我们留下了丰厚的文化遗产与思想资源。在这个意义上，作为一门学问的伦理学，在中华学术谱系中始终存在。然而，作为一门学科的伦理学，对于中国学术来说，却是一件近代以来才发生的事情。

学问的确立可以是学者个人的成就，但学科的确立却与学术制度的转型、学术形态的自觉，以及学术背景的更替密切相关。这些方面都必须在近代中国社会的语境中得到理解。具体而言：

其一，作为一门学科的伦理学，奠基于近代教育制度和教育体系的发展。正是在近代教育制度和教育体系（尤其是大学教育体系）的「学科化」进程中，细密的学科划分逐渐形成，清晰的学科意识逐渐确立。由此，学者对知识的探讨，不再意味着单纯的研究，而是建制上的学科建设。对近代中国学人而言，「伦理学」概念的出现以及学科的形成，正是近代中国在文明碰撞之间吸纳、改造近代教育体系及其学术制度的现实产物。

其二，作为一门学科的伦理学，不仅需要具备专门的研究题材与研究方法，更要有针对这些题材与方法的自觉总结和反思。因此，仅仅探讨有关善恶的问题、论证关乎善恶的要求，或许能够形成伦理学学问的主要框架，但不足以构成伦理学学科的完整内容。作为学科的伦理学，还必须在探讨和论证具体命题的基础上，对其背后的理由与方法加以提炼与批判。要做到这一点，则必须梳理、评析已有的观点与路径。在这个意义上，近代中国学人对伦理学方法论和伦理学思想史的研究自觉，乃是这门学科在近代中国初步成型的必要条件。

其三，作为一门学科的伦理学，无论是涉及教育体系与知识门类的『学科化』，还是涉及研究方法与思想历程的『自觉化』，都必须置于中国与世界交往的近代语境中来理解。在『作为学问的伦理学』向『作为学科的伦理学』的转变过程中，近代中国学人对西方伦理史籍的大规模翻译、对当时国外学界新近文献（尤其是思想史著作）的批评性介绍，以及他们立足本土而展开的系统阐释与重构，无疑是最重要的内在动力。这些动力及其带来的转变，恰恰是在近代中国的特定历史背景下，作为一系列近代事件而发生的。

因此，要理解作为一门学科的伦理学在中国的起步与发展，就必须对近代中国伦理学的理论实践加以关注。其中，最为基础的一项工作便是对当时研究和译介的基本文献进行搜集、整理与汇编。可以说，只有做好这项工作，我们才能印证中国伦理学学科所具有的近代性质，才能描述中国传统伦理思想向现代人文学科范式的转变过程，才能理解过去一百五十年间中国伦理学发展的曲折与波动，也才能帮助我们在此基础上推进当代中国伦理学的学术研究与学科建设。作为历史资料，这些近代文献对于直面历史、正视历史并希望能从历史中汲取经验的每一位伦理学人来说，都是无法忽视和规避的。

基于上述考虑，我们从二十世纪上半叶的相关文献材料中，择取了三十余部作品，分作四辑，每辑依其出版年序加以汇编整理。根据题材类型，它们大致被分为四类：

（一）史籍类。主要包括近代中国学人对西方伦理思想若干重要文献的翻译作品。它们可以映射出，当时的中国伦理学人在面向西方伦理思想时所采取的关注视角与选择范围。

（二）史论类。主要包括当时具有一定影响的伦理思想史研究著作。就内容主题而言，其中既有关于西方伦理思想史的研究，也有关于中国伦理思想史的研究；就出版类型而言，既有中国学者的原创研究，也有对同时期外国学者的成果译介。它们可以展示出，当时的中国伦理学人所接受的伦理思想史框架及其主要线索。

（三）著述类。主要包括近代中国学人对伦理学基本问题的思考和阐发。其中不仅含有一些导论性、概论性作品，也涉及一些基于特定立场或针对特定领域的研究专著。它们可以反映出，当时的中国伦理学人对伦理学整体或其分支的基本判断和理解深度。

（四）讲稿类。主要包括当时使用的若干伦理学讲义或教材。同样地，这一部分也是既包括中国学者或教育者的作品，也包括当时翻译过来作为教材或教学资料使用的文本。它们可以体现出，当时的中国伦理学学科教育所涉及的大致范围和程度。

值得特别强调的是，作为近代中国的思想文献，其在内容和表述上不可避免地存在这样或那样的历史局限。如今看来，其中有些说法和论证并不恰当甚或错误。但是，这也恰好体现了伦理学作为一门人文学科所无法摆脱的历史性与经验性，也再次证明了唯物史观关于道德学说在根本上受制于社会发展这一判断的有效性与正确性。因此，基于对历史事实的尊重，我们最大限度地将这些文献循其原貌，汇编成册，影印出版。我们期待，当代学人不仅能够抱着历史的眼光去认真地观察和理解它们，更能抱着历史的眼光去严肃地批判与剖析它们。只有这样，当代中国的伦理学研究才更可能去粗取精、去伪存真，也才更可能自成一体，贯通古今，奔向未来。

壬寅春于清华园

倫理學導言

俞數學導言

倫理學導言序例

倫理學可分爲二類。一曰實踐倫理學。一曰理論倫理學。前者必緣民情。審時務。於是制禮作教。以謀一時一隅之功利。後者則挈綱維。溯流變。而後由微而通。以求萬邦萬世之經常者也。是編所述。理論倫理學也。

吾國近時研究倫理學之風日盛。而坊間所出書。迄無善本。陳腐淺薄者有之。晦澀不堪卒讀者亦有之。余既任南京高等師範倫理學教授。勉譯是編。所以從學者之請也。

泰西倫理學之書。固汗牛充棟矣。其中標新領異者。亦不可以僂指計。顧余必取薛蕾博士此書而譯之者。何哉。曰倫理者行爲之標準也。談倫理學者苟趨於偏奇而無所執中。則其影響於實踐者。必大。且極端之論。輒喜以偏概全。學者知其一而未知其二。或致一得自矜。生心害政。危莫大焉。蓋理論倫理學所研求之問題。不外二端。其一曰道德之爲道德。其至高之標的何在。答之者有正鵠論與形式論之派別。正鵠論以行爲之影響於羣或己者爲斷。而形式論則不問行爲之效果。而以爲道德者意志中超然之業也。理論倫理學所研求之次要問題。則爲何爲吾人最後之正鵠。答之者亦有快樂論與勢力論之不同。持快樂論者以爲人之意志。無不求快樂而避痛苦。故以快樂爲至善。而倡勢力論者則以事行之足致身心之健强者爲正鵠。（卽至善）而苦樂非所問也。兩派各樹一義。爭辯不置。非一日於茲。而薛蕾氏此書則頗能出入各家。力求公允。其爲文也亦有條不紊。平實淺顯。利於初學。是則此書不獨爲倫理學之指鍼。抑且爲教科書之範本矣。

更有凡例數則。條舉於左。

一　書中各章。均有附註。凡遇學者之名。莫不繫以略傳。義理之奧。莫不增以疏解。皆所以便學者也。

二　吾國文字。句讀久不講。文義之日晦。學理之不能求精。未始不由於此。但今書中點頓。仍以簡易爲主。若者爲語之絕。若者爲點之分。一目瞭然。如是而已。夫如是則與國人習慣。既不太相隔膜。而又便學者之思誦焉。

三　術言習語。中西不同。吾國譯事。猶屬幼稚。以是迻譯哲理之書。欲求精碻。難矣。譯者既不可失原著之眞意。且必欲存漢文之精神。二者不可得兼。則惟有漢英並存以示不安。邦人君子。有以教之。

民國六年季秋譯者識

倫理學導言目錄

倫理學導言

第一章　倫理學之性質及方術

一　科學之職分　今夫充塞於宇宙者層迭無窮流行不息之現象也吾人所上觀下察沉思默索者亦此層迭無窮流行不息之現象也吾人之所知者即於若干限界以內世界現象常整而不紊恒而不變雖曰世有不測風雲人有莫卜禍福顧自然界中亦非無秩序無常度者也人爲萬物之靈故能於複雜萬象中明其消長悟其盈虛於其異者求其同於其繁者求其一鈎深燭隱以察其微旁徵曲引以會其通於是解而析之類而別之此吾人所有事也

雖然吾人之功不僅解析與類別而止也吾人於萬事萬物必且求其所以然之故蓋於一事一行知其何爲此一事也知其所以然此又一事也學者之於事物必欲求其相維相繫之故一事之起非自起也必有其先是之前事一物之著非偶著也或有其同時之附物及其將來且必有其不可遁之終果易言之萬象必有其系此之與彼如脈絡之貫

通。如茅茹之連接。吾人所欲知者。卽彼貫通連接之所在也。且此質疑問難。事必求其所以之心理。好學之士有之。兒童亦有之。幼孩於其玩具輪軸之旋轉。未嘗不欲求其所以然之故。亦猶博物學者。必欲知雨之何以下降。風之何以徐來。以及草木之何以滋長焉。奈端之與生番蠻族。非必絕然無相同之點。其所異者在其用心精麤之間耳。科學之嚆矢。在疑問。在推理。科學之精麤。則視其致知格物之方術。古人之疏解形物。常喜納諸不可思議之超然界中。今人則知求之於自然之前事或附物。顧科學之天性。人無古今一也。自吾人致疑於事物。並思求其相維相繫之故。而得其系統焉。其術雖疏。科學由此始矣。

二　科學之對象　由是觀之。科學者所以解析類別而又詮釋兩間之現象者也。於是吾人以便利之故。特就世間萬象而類別之。而各種特殊之科學以成。凡一特殊之科學。必有其所研究特殊之對象。例如物理學之對象。爲普通之物性。博物學之對象爲生物之狀態。心理學之對象。爲覺悟之情事及順序是也。嗣後學術愈精。範圍愈狹。則科學之類別亦愈繁。一科以內。分而又分。未足爲奇。但吾人所當知者。科學之職分。不僅在解析類別與敘述而已。而又在詮釋。始則認定特殊事實之範圍。繼則探求其所以然之故。末且觀察各事物之關係。即由一曲之誠而溯兩間萬象系統之所在。是乃科學詮釋之功也。

三　倫理學之爲科學　倫理學者爲右述科學之一。而爲吾人所將研究者也。吾人之職分。首當認明此科學所研究之特殊事實或對象。今苟知歷代沿用諸名。則於斯學之範圍。當已思過半矣。古代希臘、對於倫理學所用之名。爲達意細加及意細碎愛必斯旦米是即英文之 Ethics, Ethical Science 倫理學與倫理科學是也。希臘語意細加實以其語 Ethos 愛索斯爲源。愛索斯即言人之品性與意志。而又兼含習慣之意義者也。又倫理學於拉丁爲 Philosophia Moralis 英文由是而得 Moral Philosophy or Moral Science 道德哲學或道德科學之名。復次世人亦有以實踐哲學爲倫理學之別名者。又有謂實踐哲學之範圍較廣。兼括倫理學與政治學者。實踐云云。蓋以其所研究。常以踐履或動作爲的故也。

倫理學之對象爲道德。即善惡是非之現象。是於若干品性或行爲。人生而有是非之心。善惡之見。愉怫之情。以及判決取捨估計貴賤之傾向。夫人而知之者也。人之一趨一避。

莫不甘受道德見解之指揮。或道德科律之約束。聾服聽從。無有異辭。豈偶然哉。總之人與人遇。莫不以若干道德之形式。或天稟交相期許。交相責備。爲喻言之。吾人莫不懸一道德之鏡以照世。

如是現象。爲兩間萬象之一部。頗有供吾人討論克治之價値者也。吾人於此。必欲研究之問題有三。(一)倫理學之對象。將何以異於他種科學之對象乎。今所討論之事實。其特殊之點何在。倫理現象與物理學或美術學所攻其區別何在。(二)吾人皆有道德之見解。其判決事物也。莫不以道德爲標準。其理由何在。人之是其所是。非其所非。其覺悟之中。究有何等現象。人能是其所是。非其所非。其孰使之。豈吾人道德之知。皆爲良知。道德之能。皆爲良能。一一得諸先天。而無絲毫游移偏蔽之態乎。抑吾人於道德。大都學而知之。經驗愈進。道德愈隆。自古迄今。道德已有演進之迹。由今而後。道德更有遷化之機歟。(三)行爲之或善或惡。其性質若何。行爲之爲善爲惡。其理由安在。吾人善惡之見解。果必有所準的乎。若有之。則此準的爲何。

右述諸疑問。皆爲倫理學者所當判決者也。倫理學者之職分。非僅在靜其慮。審其術。公其心。以觀察各事物。且必詮釋事物之所以。彼如能之。彼必欲推求事物遵行之原則或公例。而並測各種原則或公例之會通。不特是也。倫理學者必且解析或詮釋品性與行爲。以及動作內外諸要素。內部之要素。即心理之要素。良心或道德之判決是也。外部之要素。即生理之要素。乃所判決之動作是也。彼必指示世人此諸要素之性質及其來由。並此諸要素與事物之系統。其關係何在。

四　倫理學之論據　倫理學之對象及其爲學之術。前已約略言之。今更請述倫理事件與他種事件之區別。今有人焉。手刃其友。彼固處心積慮而爲之者也。此事也。吾人名之曰殺害。示以道德之責備。而又斥之爲惡。爲虐。爲有罪。雖然。此事也。吾人亦可從生理方面研究之。殺人者必先弛其腦中細胞所儲之勢力。以達於若干肌筋之神經。以發生其執刃之臂之手之動作。而後有殺人之事。彼受害者亦必俟其腦部及其與神經系統相連之要害官能。既受重創。而後有殺於人之事。至於追究之法官。則又將置倫理與生理諸要素而惟國典是論。蓋凡處心積慮以殺人者。必爲國法所不容。而必欲處之以大辟之刑者也。若夫心理學者。則又可執心理之現象。以研求此事之本末。彼殺人者。必以彼敵之行爲。而於心中發生若干之動機。久而久之。此動機之度日以濃。而畏難苟安之心日以減。於是最後之判決以成。

由是觀之。同一事也。同一境也。而學者觀察之點。則可大殊。於一事之中。吾人可任取一特殊之要素。而置其他以爲研究之資。雨後之虹。甚矣奇。顧物理學者之所研索。在其物理之狀態。而美術學家。則將致意於其色之麗。且如是燦爛之光華。何能引起吾心之美感。又如倫理學之所治者。爲行爲。爲意嚮。爲品性。然於行爲意嚮品性三者。物理或生理之因果。則都置而不論。倫理學之所從事者。必以其事有若干之價値。舍是弗問也。必以其事與吾靈魂有若干關係。舍是弗問也。亦必以其能引起吾人道德之情感及判決。舍是弗問也。行爲之足以興起道德裁判者。始能入於道德科學之範圍。假使吾人果無俞咈之情。是非之見。則倫理之學。無由萌發可也。又使若干行爲意嚮之思考。不能挑引吾人道德之情感及裁判。則倫理之學。亦必不能成立。以此學將失其所考治之材料也。吾人可爲專精之物理學者。生理學者。天文學者。或且爲哲學鉅子。而終不能對於行爲下道德之裁判。倫理科學之發軔。必自吾人估計事物之價値。並對於各事物。輒下是非善

惡之斷語始

五　倫理裁判之對象

前既言之矣曰吾人對於各事物嘗下道德之裁判然而未盡然也事有受道德之裁判者亦有不受道德之裁判者苟非有生之靈懷五常之性者吾人必不欲以道德裁決其行爲吾人於地之震日月之蝕未嘗懷是非之見是以馬鐵奴 Martineau 亦曰五金之鑛吾未嘗褒之暴風淫雨吾亦未嘗貶之也蒙昧之童獷野之族間或有謗譽五行之舉則以爲五行隱受神靈之驅使者或不過效人所爲而莫明其故也以大較言之吾人今日道德之裁決不過施諸人生之動作而已倫理學所謂動作必以心理之事爲其濫觴亦必發生於有意識之人類而後可若彼動作之人已失自由所行之事非其本意或其動作之時已失其意識情感之常度於是吾人亦不欲施其道德之裁判總之人當癲狂錯亂之時睡眠失神之際發生動作吾人固不加褒貶然而人有放行於先以致貽禍於後犯過而不悛者則吾人責備之辭惟恐其不嚴矣又彼動作之屬於機械作用不受心理之影響而亦非附以覺悟者吾人亦不施以道德之裁判顧事有處心積慮故意爲之而曾不少悔者則吾人不能置而不問也

是以吾可正言曰。倫理裁判之對象非他。乃人生之動作。即有意識之動作是也。斯言也。於古之時。未必其果確。於今之日。亦未必其盡然。雖然吾之於凡百事物。何者施其道德之裁判。何者則否。此非重要之問題。吾人所宜知者。即吾人有時必欲講道論德而後已。而倫理學之所研求者。即各事物之何以必受道德之裁判也。

六　倫理學之界說　吾人今可以簡捷之辭定倫理學之界說曰。倫理學者判決是非之學。義務之學。道德原理之學。亦道德裁判與行爲之學也。倫理學於道德之現象解析之不已。又類別之。類別之不已。又敘述之。敘述之不已。又詮解之。以求其客觀與主觀之事實者也。是可知倫理學之於道德現象。必將明其性質。循其要素。以爲之分類。而求其前事或主因之所在。又將發見其遵守之規律或公例。並將尋其原委。以及其遷化之傾向。總之。倫理學之求道德現象與其他科學之各述其對象。將毋同。倫理學者於道德之事實。必將窮搜博訪。離者求其合。異者求其同。而後審其系統之所在。

七　各科學相互之關係　科學之爲類不同。爲數殊夥。固也。然而吾人不當謂任二科學所研究之對象。可如風馬牛之不相及。亦不當割取世界萬象之一部。以爲研求之資。一若此與其餘諸現象絕無關係也者蓋世象之眞一而非萬合而非分今姑分之以爲研究之助者爲其適於吾之心耳非謂兩間萬象果爾分流舛馳可離而不可合也問一可以知十舉一必能反三科學之理息息相通是以不知各科之崖略者亦不能深造於一科此自然之理也詹美士 James 且曰苟欲精於一者必知萬象之全一物之於世必不能與他物斷其關係但其關係有疏密之不同耳是以苟欲詳知其一非知其一切關係不可是以戴尼遜 Tennyson 亦有詩曰

　　君不見彼一枝之庭草兮
　　　豈不神妙而難明
　　　　苟能究學甄微精察明辨以及其根兮
　　　　　亦何難深造乎天人

世界一而已矣科學亦一而已矣科學之於科學實相扶而又相賴者也此所以心理學之事實與生理或物理之事實不能絕無關係焉今欲研究感覺之現象必旁及於神經系統之職分以及事物之通性即其例也

八　倫理學與心理學　倫理學對象之與世界萬象旣非獨立寡緣而有互相倚伏之翤則倫理學與他種科學不能無關係也亦宜使倫理學之所述不能與有生之人須臾離則凡研求人羣天性之科學皆兄弟也又使倫理學必欲察覘人生之行爲而人生之行爲不徒官體之動作亦所以表示內部覺悟之狀態更使倫理學之所注意者在吾人如何辨識及判決天下之事理然則倫理學之有賴於心理學者豈淺鮮哉心理學者所以解析類別而又詮釋吾人覺悟之狀態者也此類狀態道德之家固樂道之而敏求專攻之責則常在心理學者凡所謂道德之感覺義務之情感等等皆心理之現象解析而疏證之厥惟心理學者蓋此種現象不過心理現象之一部吾人不當捨其全而論其偏以貽支離破碎執偏概全之譏也方倫理學者之解析或敍述良心之事是以倫理學者而治心理學矣有時倫理學亦嘗研索童幼或原人道德之性質以求良心遷化之往史是仍不脫心理學之範圍達爾文且嘗遠溯動物覺悟之狀態以求道德之嚆矢斯時也倫理學與心理學豈非所謂一而二二而一者哉

如上所述倫理學所研求者爲覺悟中道德之情事則倫理學者不啻心理學之一部而

已雖然、倫理學者不僅察吾行爲主觀之部而並究其客觀之部以及兩部之關係者也
試舉其例行爲之爲道德其故安在道德之行爲果必有特殊之品格或桓表歟吾人必
褒善貶惡果何故者又吾人善惡見解之標鵠果爲何歟善者何以爲善惡者何以爲惡
倫理學者嘗論述德與義務之事若者爲仁若者爲義若者爲忠信以及若者爲不仁爲
不義爲不忠不信之行吾人道德之裁判果必有其一定不移之準的或範疇乎然則此
範疇爲何此準的也範疇也吾人果能爲之辨白乎抑爲不能辨白或不必辨白之事乎
今使有一準的焉範疇焉則何者爲德行何行爲非德人之於其道德之範疇果爲拳拳
服膺始終勿渝者乎何者爲吾人之至善成一生之正鵠吾人果能以科學之術以繙所
謂至善乎

右述諸疑實爲倫理學所亟當解析而不可一日緩者顧或者謂如是問題亦心理學所
應解決者也雖然此非吾人注意之點吾人所當注意者卽事實之當察視或詮釋者皆
學者所有事其爲倫理學可也心理學亦可也倫理學之料材往往爲心理之順序故亦
爲心理學之對象然而此不獨倫理學爲然卽美術學亦何莫不然科學之職分在論述

其事實至於纖悉靡遺而後止。故以心理學而旁及於倫理或美術之事。亦無不可。雖然。輓近科學演進之途術。則以分工爲歸。心理中特殊之事。吾人不可不立一特殊之規律以研究之也。

不甯惟是。倫理之問題。往往有躍出於心理之範圍者。心理學者之所求。往往以覺悟之狀態爲度。彼既解析心理之現象。並證引其心理或生理必有之前事。則其業已畢。以大較言之。彼心理學者。未嘗涉及行爲之原理。何爲人生之正鵠。何爲辨別善惡之標準。與心理學可謂無關。然而彼心理學者。亦未嘗不可注意及此。而不必踰越彼學之藩籬也。如是知識。可使彼心理學者。於人心之作用。更爲明瞭。亦猶理化博物之學。於彼生理學者。不無小補也。

九　倫理學與政治學　倫理學與政治學之關係如何。當視吾人對於二學之概念而定。柏拉圖嘗以倫理爲至善之學。而國家之鵠的。亦惟至善。如是則倫理學爲本。政治學爲末。倫理學爲體。政治學爲用。以吾人苟不知何者爲至善。亦必不能定國家行政之方針故也。亞里士多德則以國家爲至善。行爲之爲貴。不過以其於國家之利爲順而非逆。如是則倫理學不啻爲政治學之一部或其別名而已。

雖然自吾人視之倫理學者所以求辨別善惡者也其職分則在測定行爲之原則並指示善惡見解之基礎政治學則不然其所有事則先察國家之何以成何以始何以沿革以迄於今而後究古今國體之變遷以及今日國家之任務易言之政治學實從事於考究社會之組織及其組織後諸要素者也假使倫理學之發明爲道德必欲達其正鵠惟道德之必欲達其正鵠於是乎有倫理之學又使治政治學者以爲國家必欲達之鵠的與此正同則此二學之關係不其密切乎哉今夫倫理學家咸欲規定道德之原理或正鵠以示天下以詔後世使天下後世莫不有所遵循是之謂道德律使彼政治學者果能認定國家之正鵠何在則此二正鵠者吾人一比核之可也又使國家之正鵠與個人之正鵠無有殊異則倫理學與政治學固互相表裏者也倫理學示人以行己之常道個人之私德也政治學講求國家治平之術以及羣己交際之方國民之公德也

十　倫理學與純理學　前已述之矣科學者所以解析類別而又詮釋世界之現象者也顧以嚴義言之詮釋之事殊非易易今欲疏解一事者非深知其本末鉅細靡遺不可亦

非環視其四周之關係不可欲知一事之事事必知事事之一事此通論也世苟有模範科學者於其對象範圍以內雖彼至微極簡之事亦必詮釋其所以而並求其與世界萬象所有之關係焉雖然此乃懸想未足以語今日之科學也今日之科學且未嘗懸是以爲鵠今日之科學於事物之因尚未能遠搜冥索且未能博考兩間萬象而得其綱領之所在也今之治各科之學者僅知求一事之前事或其前事之前事而止以爲能如是是亦足矣是以物理學者之所考求不過物性與動律至於各現象最後之究竟及其起訖又物理現象與其餘實際形物（如心理之現象）、有何等關係則不遑及焉不寧惟是科學之家往往從事武斷以爲己之所學實爲萬有之源而當駕乎百科以上博物學者之所從事爲研究宇內生物之各形與各有機體之組織或官能而一一論次之以是知博物學者視他科學用力較勤其求事理之一貫也亦較著彼於生物複雜之形莫不思所以回溯其純簡之初史是博物學之爲科學於詮釋形物之功實出百科之右也雖然吾人猶有最後之問題彼博物學者終未能一一解決之復次、彼心理學者於覺悟之狀態未嘗不解析之而詮釋之也彼亦未嘗不判分吾心諸要素而一一求其生理與心理

之前事也然則吾人覺悟或靈魂之源果爲何物乎吾心之所以爲心或其起訖若何質與力之關係若何此皆心理學所存而不論者也

由是觀之各科之學常以特種之現象爲其限界而其詮釋個中各形物也則惟由彼悟此而不能越雷池一步顧各科之學必有最後之問題學者往往不能答也如是問題蓋必待哲學或純理學以解決之是以詹美士有言哲學云者卽謂吾人於宇內事物嘗懷一固執之意鍥而不捨必欲試以明瞭及堅定之思考也今以哲理籀萬事是卽求萬事之理萬理之極無往而不欲鉤其深而燭其隱也若以嚴義言之各科之學決不能捨哲學而獨立幽敻難明之事亦不能存而不論輓近科學之家而又以哲學家自期許者有之矣如匈彼得 Wilhelm von Humboldt 如達爾文如赫胥黎如漢霍子 Helmholtz 諸人類能自拔於已所研求科學狹隘之範圍以外而以宇宙爲歸宿者也

吾人前是之評論施諸諸科學可施諸倫理學亦無不可倫理學者所以考求世界特種之事實而必詮釋其所以然者也世苟有模範倫理學者必於其所有對象之一事一物疏解之至於至詳極盡而後已雖然此非易事也吾人必有縱橫宇宙之知而後可以語

此苟必欲達此鵠的者則非變倫理學而爲哲學不可

是書之作不過以通常科學自期而未嘗欲極深研幾以爲造峯登極之舉著者苟能統舉道德之原理而無遺憾則其志已償若夫探賾索隱窮萬理之極而又支配道德現象於宇宙萬象系統以內則將俟諸純粹哲學家焉

十一　倫理學之方術

今請論倫理學之方術以大較言之倫理學之方術與其他科學之方術蓋無有殊異倫理學者必將愼選道德之現象以爲研究之料據與諸科學無以異也吾人必詳探博訪以求道德之事實吾人必視察各種各族各階級各個人以及各時代行爲之範式人有文野長幼男女之別故其行爲亦不能無殊吾人亦必觀察之不特是也吾人亦必瀏覽邃古史乘以研究諸民族稗史之談神道之說以及其哲文美術諸學而後知各民族道德之見解吾人亦當察閱各民族之文字（文字者所以表示民族道德之精神）之治制以及其政治經濟社會之狀況之數事者與彼民族道德之思想實互相表裏者也

由是觀之倫理學之方術首在搜集內外遠近之事實以學者之視察必兼內外合遠近

而後爲周也雖然吾人有其事實矣苟不能沈思熟考則彼事實終不爲我用沈思熟考者科學之基礎也既得其事必求其理吾人莫不能尋其條理求其系統則事實雖富曷足邵乎故人有善悟之能深思之習透察事理之眞而不爲外緣所誘惑者而後可以治科學

十二　理論倫理學與實踐倫理學　倫理學有理論與實踐之殊理論近乎學學所以使吾知實踐近乎術術所以使吾行科學有屬於理論者則以其所考求者爲一種現象之原則或公例也解體學與生理學者縱論有機物體之組織及官能莫非理論而已顧彼理論科學所考查之公例吾人必將實施於平常日用之間勒爲規則以達吾生之鵠的是以理論生理學之所考查者爲人身之作用與其作用之塗術且及其所以然之故而實踐衞生之學則以生理學原理爲其基礎定却病延年之規訣理論心理學者所以檢查若干心理現象之狀態及其原因而彼訓蒙之師則將以理論心理學之所得而實施之於校室者也凡術之爲用必以學爲之體術之愈進者則其所基之學理亦較精而確此常例也總之凡百科學最後之鵠的實踐是也

是故倫理學有爲學者亦有爲術者學所以檢察其原理術所以實踐其原理學所以示我必然之事術所以詔我當然之事實踐倫理學理論倫理學之實驗也

十三　倫理學之價值　今於末節吾將爲學者言倫理學之價值或若問曰吾人必求倫理之學果何以故然則吾人之考查一切現象亦果何故也哉道德爲一確著之事實果爾則吾人卽當考查之也人之於世既慣於沈思熟考則六合以內當無一事不足以供吾之研求人既知考求物質之世界則於吾人自身之行爲安有可視爲無足重輕之理人之戰勝天然之勢力則以其細察深求天然界之現象不遺餘力之故故論者謂人苟能同時研求道德之勢力則其效果將毋同人苟於道德之標鵠有所發明則於倫理學難題之解決豈曰小補之哉人於行爲之爲是爲非爲善爲惡苟未嘗沈思而熟考者往往不能深知而灼見且於沈思熟考之際苟無不可勝用之準繩必不足以具衆理而應萬事也德之進實由於業之修而業之修則由於殫精竭慮之故吾人是非之見往往昧而不明若夫道明德立之士則以涵養之功堅確而不可拔故也世之謭陋之徒見夫道德之行爲時或各異其流遂謂道德之律不過武斷之積案而無固然之理之勢者也甚

矣是說之不衷也彼如稍讀倫理學者則將知道德之爲眞並非誣誕惝怳而實有其悠久高厚之基礎焉

雖然吾非謂世無倫理學則將無道德之事也世無研究目之所以能視者則吾人必喪其明乎天下必無是理也視學未明以前吾人不能不觀察森羅之萬象亦猶倫理學未講以先吾人不能不知所以行己之道雖然視學發明以後其有助於吾人之視察萬象既非淺鮮然則倫理學之講求豈果無補於吾人之行爲也哉

顧或者謂凡事思之愈勤行之愈不力研求倫理學者轉足以致背道之舉也藉曰此說果確吾人猶不能爲因噎廢食之舉以阻學者之考查行爲之原則矧其爲言誣誕已甚乎人於道德之業苟能加以精確之考求則其崇道之心當愈著樂道之心當愈濃可斷言也若彼勦襲之說輕率之談固足以爲道德之阻蓋眞理之半往往爲眞理之賊天下之通言也今苟欲匡正眞理之半者其惟求眞理之全

第二章　良心上

一　敍言　人類者理性之動物也有是非之見而能從事於道德之判決者也易言之人

類有道德之覺悟卽良心是也莫或使之若或使之苟欲析斯疑而問斯難焉則非詳細分析疏解其所由發生之現象不可前人之先我而研究此問題者已不可以屈指計述其學說於左

二　稗史之談 The Mythical View　彼樸直思想家往往以不可思議之事屬諸鬼神於是以爲五行之作用所以代表神奇不測之勢力又於是以爲風有伯雨有師人有鬼物有魅無往而非鬼神術數之勢力範圍卽於吾人道德之知覺亦以爲有神在焉人道有二途導我以入於善之域者謂之神神有祥誘我以陷於惡之阱者謂之魔魔有戾稗史家言性善者以爲良心所以代表上帝之命於是良心非我所有乃在我肉體以外而導我以入正軌者也希臘稗史中有以 Erinyes 或 Furies(神名)代表良心之責備其神之職分在驅除惡行之人是其例也蓋蘇格臘底亦嘗以 Daemon (介居於天人之間之神) 勸其改過遷善者彼稗史家之言性惡者則以惡魔常占據我心田而誘我爲惡者也

三　先天派之理性說 The Rational Intuitionists　稗史之談尙矣次則有純理學家

之說（卽形而上之說）派別綦衆亦有跡近稗史氏者純理學家以爲人有自然天賦之良能（良心）可以判決善惡而無疑者也良心之決斷堅而必罕有爽失如幾何之原理然夫人而知之毋庸置辯者也盜竊之爲惡德猶二與二之爲四其孰能是非之如是之良知何由而生曰、由於天賦茲舉其各派學說之沿革於左

(a)耶教徒之說　奧格斯丁 St. Augustine (354-430) 之學說足以代表最初耶教徒所信仰者也其言曰於吾人判決是非之良能中有數種道德之原則或種核在蘊藏眞理而不可假借者也又曰吾人良心實有一種天然神聖之尊嚴據我心壘高坐堂皇以判決善惡者也由是而論良心之所指導旣如是之確切不移普天同概則人類何以良莠不齊行爲何以善惡無定乎今欲答此疑問中古之煩瑣哲學派 Schoolmen 則又稍變其說如下其言曰吾人所以能判決一事一物之是非邪正固由良心之作用但良心有時亦能倒行逆施良心之所判決有時亦或不合於情理不過吾人尙有　種良知示我以通式曰汝其就善而避惡此良知名之曰心都雷細斯 Synteresis or Synderesis 終無毫忽髮謬亦終不能變更絕滅者也爲惡之人亦未始不有此當吾人判決單獨事件之

時則特良心之作用此或有舛錯未可知也是以逢那文脫拉 Bonaventura(1221-1274)曰天與我以二種是非心一與我以正確之判決卽良心是一與我以正確之執意卽心都雷細斯是心都雷細斯之職分在教我以向善而避惡吾心之作用有通有徼心都雷細斯爲一簡約之原則通也故無窒礙無變移良心所以判決特殊單獨之事件徼也故易於違謬又曰吾心之作用一三斷法之作用也心都雷細斯與我以前提曰惡行必不可效法於是理性又告我曰淫奔之事實爲惡行以其不公不信也良心則與我以結論曰所以淫奔之事不可效法

(己)近時之思想家　葛特渥斯(Ralph Cudworth(1617-1688)所著書曰「論永久不易之道德」Treaties Concerning Eternal and Immutable Morality)　其言曰知識者由靈魂或理性獨立動作所生之果也良心莫不具有天賦之知能吾人研究宇宙萬象之時殆卽本此知能此知能者爲先天爲大同爲帝旨之反映爲永久不易之現象俟諸百世而不惑者也道德之真理與幾何之真理同凡有理性莫不遵命

按葛特渥斯係英人之崇拜柏拉圖哲學者

(c)葛拉克 Samuel Clark(1675-1729)所著書爲論自然宗教永久之義務 (Discourse Concerning the Unalterable Obligations of Natural Religion) 其言曰萬物之有同有異相離相合事所必至理有固然人事之不同猶物體之有大小之別也品性行爲之調劑適宜猶幾何形數之有變化乘除也是以道德之真理與幾何之真理將毋同無以名之名之曰自然出自天者謂之理本諸身者謂之道理與道皆權輿於自然界之變化運行也幾何之疏證毋或疑之道德之義理亦毋或嬈之蓋卽天生蒸民有物有則民之秉彝好是懿德道德之業一自然界之現象也

按葛拉克所云自然宗教卽言道德或宗教之業乃一自然之現象

(d)楷特渥特 Henry Calderwood (1831-1897) 所著爲道德哲學論 Handbook of Moral Philosophy　楷氏所見亦同以爲是非之知識爲先天者爲直覺者發端於吾心而不在吾心以外道德律由吾人直覺而得毋庸證明者也先天知識最高之作用卽在辨識道德律而不疑此種辨識力卽理性良心卽爲審定道德律之一種能力顧良心所仗以辨別道德律者仍爲理性故道德之發端爲知識而非感情也此種知識附有無上權威

但此權威濫觴於道德律之性質而非權輿於良心之本體良心雖具一種觀察力能洞窺真理之奧窔而授之於人但於眞理不能有所增益一切無上之權威莫不由道德之眞理而發生

或曰良心既能發見道德之通律何以吾人是非之見猶紛歧一至於斯楷特渥特以爲吾人於道德之大端如誠實、如公義、如仁愛凡屬圓頂方踵都表同意至於權衡事理之際吾人意見始有不同耳彼又以爲良心非能受訓練者耳司聽目司視非由訓練之故良心之辨識眞理亦然但吾人亦可指導之以權衡繁密之事理耳

(e)總結　吾人道德之觀念何由發生答此問題者右述諸家所見相同均謂吾人有一先天知識發端於理性而與經驗則毫無關係如參商之不相及者也理性實能示我以道真示我以道德之通式 Universal Propositions 如幾何之眞理然良心者理性之由於先天者也之數人者自成一家言名之曰理性先天派

四　先天派之感覺說　The Emotional Intuitionists 學者以良心爲先天者不一家但對於良心權輿於理性之說鄂鄂爭辯者亦大有其人也彼等又分兩派一主感覺一主

辨悟總之彼等以爲物來順應是非曲直之見油然而生此乃不知不覺由於先天感覺或辨悟之作用而非由於先天之理性也其以良心爲感覺或感情之司者名之曰感覺先天派其以良心爲辨悟力者名之曰辨悟先天派依次述之

(a)索匪脫布利 Lord Shaftesbury(1671-1713)所著書爲 Inquiry Concerning Virtue and Merit 功德論 in the 2nd. Volume of the Characteristics 人品論 索氏以爲人有愛情三一爲自愛(Self Affection)其愛爲我一爲博愛或眞愛(Natural, Kind, or Social Affection) 其愛及羣一爲假愛(Unnatural Affection) 其愛既不能加諸己又不能加諸人道德卽所以芟滅其假愛而調和吾人之自愛及博愛者也二者之調和與否吾人可由道德心而知之卽是非心是也此心此理人各有之無或疑之吾人察人之行爲愛憎之情立生於是於心目中立能辨別其是非曲直優劣美惡焉此種辨別皆由先天毫無人爲之迹象者也

(b)黑謙孫 Franeis Hutcheson (1694-1747)所著書爲「美術與道德之源」 Inquiry into the Original of Our Ideas of Beauty and Virtue, etc. 及哲學大綱 System of

Moral Philosophy 黑謙孫曰。人之動作都被規定於自愛及博愛。（此爲吾人動作之二原則）二者衝突時。則吾心中猶有第三原則。（其性質爲先天者。爲普及者。人各得諸天稟者。）卽道德心或良心是也。出而干涉。並能左袒博愛。而抑制自愛之情。吾人道德心。惟知袒護博愛之行爲。卽行爲之有利於公衆者。但黑氏所謂道德心與理性先天派之良心不同。緣彼置道德之思維 Proposition 於良心以外。而此則以爲良心之辨善惡。猶左右目之識黑白也。良心者能約束我行爲。並能贊成道德之行爲者也。有行爲焉。吾以爲善。此其故非由利害之關係。乃由道德之意味也。吾見人行善。吾樂之。並愛其爲人。而不問其所行事與我之利害如何。如吾能躬行善事。則樂感常倍蓰焉。其故可深思矣。

(c) 謙謨 David Hume(1711-1776)所著爲「論道德之原則」 Inquiry Concerning the Principles of Morals 及道德篇 Treaties on Morals 謙謨與黑謙孫所見相同。行爲之爲美爲惡。宜褒宜貶。辨別之者。果吾人之理性乎。抑感情乎。謙氏以理性爲無權。以爲理性非良心或道德心之源。吾人判決道德之價值。全恃感覺之作用。蓋道理之業。吾人大都覺之而已。知之者實鮮。凡行爲品格之爲美爲劣、爲禍爲福、爲可敬、爲可鄙、爲有名譽、爲無名譽。皆由吾人感覺定之。此感情者爲吾人所同有。而得諸先天者也。觀於吾人義理悅心。皈依頂禮。讀古人書。嘗有得與之游死不恨矣之歎。聞當世之士則或杖履追隨。相見恨晚。則可見感情之作用勝於理性多矣。

注、謙氏又言道德者正鵠也。非作用也。求道德者爲道德之足以悅我心。非謂道德以外尚有所求也。更非謂得道者卽所以得榮譽報酬也。由是知於吾心中宰判決或褒貶善惡之權者。必有一感覺或興味或內部之悅感 Taste 在理性與興味不難區別。前者爲辨別眞僞之知識。後者爲識察善惡美醜之感情。前者告我以形物之眞相。而不加愛憎之念。後者則於形物眞相外。又能鑄造意想。引起感情者也。復次理性爲靜。非動作之權輿。但能指導由興味而發生之衝動而納之於軌道而已。興味則能引起憂樂禍福之觀念以及諸動作。是故興味者吾人慾望及執意之濫觴也。

(d) 盧梭 Rousseau (1712-1778) 康德 Kant. Ueber die Deutlichkeit der Grundsätze der Natürlichne Theologie und Moral, 1764. 自然神學與道德之原則。斯密亞丹

(1723-1790) A Theory of Moral Sentiments 道德感覺之理論及海爾巴脫 J. F. Herbart, (1776-1841)諸人均隸此學派者也而白郎太努(F. Brentano (Born 1838,) Vom Ursprung Sittlicher Erkenntniss 道德知識淵源) 則又有特識以發揮此義彼謂人之識斷有二種：一剛一柔剛者爲必然之理無往而非是者如甲乙各等於丙則丙必等於甲或乙柔者則或然或不然而責難者可振振有詞也人之感情亦有二或高或卑高者爲人類所同具且有同軌合轍之現象卑者則反是是以知識與眞理吾愛之頑愚與悖謬吾憎之此人人之所同也亦不遁之情也若夫甲愛魚而乙或愛熊掌則感味可紛糅已由是知道德之感情當爲先天者

五 先天派之辨悟說 The Perceptional Intuitionists 此爲辨悟先天派所主張隸是派者爲蒲脫勒 Bishop Butler 馬鐵奴 James Martineau 及雷蓋 W. E. H. Leckey 諸人良心先天者也但此派所謂良心既非感情先天派所謂感情又非葛特渥斯所云理性所謂良心不過一自然之辨悟力或悟性而已

(a)蒲脫勒、 1692-1752 著有關於人情之演講 Sermons upon Human Nature 及德論

Dissertation upon Virtue 等書。蒲脫勒云吾人沉思之際良心上每有一超特之靈禀此靈禀者所以辨別吾人外部之動作及內部良心之思維亦所以約制一身內外動靜諸端並糾正行爲之不正不當者也有此自然之良能人所以能德參天地也顧此良能非吾人百能之一蓋遠出其上而又能臨之以威者也良能有三要素一判決二指導三監督苟使良能於吾心不獨操權威而並挾實力則左右世界何難之有然則吾人必從良能之命乎其義務何在曰良能不動則已使良能果判決是非而令吾行其所當行是卽義務良能非唯指示當行之道而更有權力使吾必由是道而行道德律之全體所以代表天命亦所以揭櫫吾人先天之知識經典所載與吾良心所指示豈有異貳哉道德律者出自天禀初已銘刻於吾心而不可須臾離者也

(b)馬鐵奴、1805-1900 所著爲理論倫理學綱要 Types of Ethical Theory 馬鐵奴之先天說尤爲新奇其言曰吾人之於悟官常深信而不疑不特信其所識悟之事理而並信悟官之能盡厥職吾人於悟官之信念以二種原理爲據良心之所號召人必視爲眞理一也吾心於辨別各事物時所取之基理至爲一定不移二也人於倫理之心理不

過如是於吾人所感覺之物悟性實操其枋於義務之行爲良心實秉其鈞人於形物常存俞咈之見某者韙之某者非之此自然之傾向也顧判決之標準不視其事而視其人並視其人內部之意嚮雖然如他人行爲之意義與吾內部之經驗不相切合則吾亦不能評論其行爲又如吾道德覺悟至爲單純但知其一而未知其二則亦不能判別他人心中行爲之源泉何則吾人於道德之辨識心中同時必有數靈稟方克有濟易言之心中同時必有數感觸存在（此數感觸之性質絕不相同）如無此諸感觸則可無道德之覺悟方諸感觸發生之時吾不特覺其多而濃而並覺其彼此之不相容焉但此諸感觸之異同非若高與軟或紅與苦之懸殊而如尊卑貴賤之比較若是之靈悟非由吾人所發明亦非吾人經驗所有事而實爲先天所傳遺與吾靈稟或感觸同其始也謂之爲奇特而不能疏證之物誰曰不宜

道德進行之本末不外乎是吾知吾諸天稟之作用有强弱之不同即其及於外物之影響亦有大小之殊不特是也吾更覺吾各天稟之優美實亦有差級可尋 We are sensible of a graduated scale of excellence among our natural principles 其能辨悟天稟優美

之差級者卽良心所謂良心者卽吾心辨別善惡之知識也亦卽辨認吾行爲原則之權威有不同之悟性也道德之判別皆自良心始吾先辨識自身行爲之源泉而後推諸他人行爲之源泉

然則吾人道德之見解何以有怫異乎曰此不難明也吾人內部靈稟之全體惟老練之良心始能盡諳深思熟慮富於經驗之人方能得圓滿之樂趣也所可惜者凡人於靈稟僅能管窺全豹之一斑而已雖然道德之覺悟於凡人雖頗狹隘使彼等所深悉者同其部分則吾人道德之見解初無大差也

良心之言悉有依據但此依據僅一感覺不必俟分析或疏解而後明者也雖然此感覺之天稟並非主觀者亦非自撰者 Self-making 更非吾意志之自動也 Self-assertion of my own will 如以此爲意志之自動則吾意志安有對於天稟而顯其皈依頂禮之態哉蓋良心所能證明之理超然於人類知識以上而非吾知識之一部也然則斯理也必非吾人之一部乃吾所體驗之上帝生涯或卽由吾靈悟所得之至仁充入吾身而不能去者也於斯時也吾人道德之覺悟又加以客觀之權威焉夫人自作其則 A. man is a law unto himself 非由於自動 Not by autonomy of the individual (如英儒格林所云) 迺由靈魂之精神所指導也 but by self-communication of the infinite spirit of the soul 吾身所作則及吾「必然」之觀念實能左右吾良心以此觀念常與吾心一悠久圓滿之軌轡而促之使日進也質言之此卽以無涯之事業而期諸有涯之身心也 It is imposed, therefore, by the infinite upon the finite

(c)總結　右述諸子莫非先天派但又以理性感覺及辨悟諸說各樹一幟耳諸子莫不謂道德之見解由內而生必非外鑠遵是以談吾人所謂眞理或謂由造物鑄刻於吾心者或謂由吾人超然之理性所發見者或謂於吾人自覺之際志行之是非曲直逕由感覺而知之者總之良心者出於自然毋庸加以疏證卽有爲之疏證者亦不過曰靈稟均由造物所賦畀而已

六　經驗派

道德家亦有不以良心爲自然之良知者其言曰良心之爲物吾人必求而後能獲之易言之卽吾經驗之積也判決善惡之官能並非先天所賦畀吾人道德知識與他種知識毫無區別皆爲經驗之積述經驗派學說於左

(a)霍布士 Thomas Hobbes 1588-1679 人情論。Human Nature, etc. 霍布士曰。良心也者。不外吾人之學識 Science 或意見 Opinion 而已。吾嘗依據良心。論斷是非。但於未能明瞭之事理。卽不敢有所傾吐。由是知吾所謂良心之主張。亦吾之意見云爾。但吾人稱述良心之時。亦不敢自信所言之必眞。不過具有兩種意見而已。(非僅對於一事之眞確有一意見。卽對於知此眞確之知識。亦有一意見。) 此卽一切眞理之濫觴也。是以良心非他。卽對於吾所得確據之意見 (Opinion of Evidence) 復次。吾人於道德取捨之間。中心耿耿。無非以利害爲念。道德哲學者。人類辨別善惡之學識。善惡者。吾人愛憎之別名也。國民之氣質習慣思想有不同。則其愛憎亦有異。吾人對於憂樂之見解。往往不同。則理性之所命。咈亦不能一致也。

(b)洛克 John Locke (1632-1704) 悟性述略。Essay concerning Human Understanding

洛克與霍布士所見相同。亦反對先天觀念者也。彼謂人所稟於天者。不過一趨樂避苦之慾望。吾人動作。莫不受此慾望之規定。事物之足以致百祥者。謂之善。反是者。謂之惡。行爲之足以增進公益。保存社會者。亦於一己有莫大之利。此造化運用之妙也。發明是道表彰是理推而行之以盡其利是爲規程則人之功也人類既定此規程又能藉賞罰之作用以期此規程之生效力賞罰有屬於天者如來世因果之說是有屬於人者如法律或輿論是吾人是非之見往往權量諸種規程而後能定如天道(自然律)、如國典、如時尚皆是也行爲之合於規程者謂之善反是者謂之惡是以道德上之善惡常視意志之動作於道德律爲從違爲斷是非之見立法者實創之良心之職分唯能判決行爲之合於道否耳

人類之知識各有不同其於道德規條之服從亦然若使國民所受之教育經驗及習尚無有殊異其心理自趨於一途良心之所判決亦自有道同志合之概已是以吾人解決道德問題之時方寸之閒非有自然之道德規條也同一良心之作用對於一事或趨或避其故可深長思也

吾人道德之知識或可由一二基理 First Principles 以求之不過所謂基理者亦由經驗所發生也吾心中各觀念之或離或合或順或背吾能感覺之此卽吾之知識使吾僅有甲乙兩觀念又使吾能覺此兩觀念之離合而無待第三觀念之干涉是卽吾先天之

知識反言之使吾必賴第三觀念以發覺甲乙兩觀念之離合是乃吾之理性術或推論法 Reasoning or demonstration 由是而得之知識謂之推論知識 demonstrative Knowledge 雖然吾欲知推理知識之爲真確與否仍非賴先天之知識不可

道德可由推理而得與算術將毋同蓋道德文辭所名事物之眞義吾人可得而知之若於各事理有所發明則吾知識殆已臻圓滿之域欲求道德上之知識並非難事但以吾人研究算術至公無私之術以求之則可已凡稍有知識之人都知敬畏上帝猶如旭日之東升有目光者莫不見之也吾人對於道德之義務不思則已苟一思之則莫不覺柔弱無能非崇拜至聖全能之主宰不可亦猶吾人對於數理不啓其念則已苟一念之則未有不如三與五及七之和爲十五雖然理想之簡單雖若是苟吾不加思索則於此種現象亦可如童蒙之無知吾人對於上帝懷一觀念以其爲力也無涯其爲善也無涯其爲知也亦無涯吾人爲萬物之靈亦莫不自懷一觀念吾人苟能由是極力推求則此二觀念者直可爲吾人義務或行爲規則之基礎並可使道德學如一切科學可由推論之術以求之所最要者吾人對於道德宜取至公無私之精神或方術（如對於算術之精

神或方術是）夫如是則於行爲之得失可如燭照而數計已道德上之變化關係一如形數之變化關係吾人皆能覺而悟之者也然則苟用適宜之術以審察道德上之是否得失則吾人安有不能由推論以得之者舉例於左「世無產業則無不義之事」此理也一如幾何理之不可移動也蓋產業也者卽云吾人對於所有物之權利也不義也者卽云犯此權利之行爲也文義之旣明則此言之眞確與幾何學所云任何三角所有之角必等於兩直角之眞確無以異也又如「政府斷不能與國民以完全之自由」斯言之不移與幾何理之不移無有殊異緣國民組織政府之初意在設律法而期其實行使政府與國民以完全之自由則法其誰守

(c)黑爾凡糾 Helvetius（1715-1771）靈魂篇 De lésprit 人論 De l'homme 黑爾凡糾法人也與霍布士及洛克意見相去亦不遙彼謂道德感覺斷非先天者先天之物厥惟自愛心卽避禍就福之念是也時無古今地無東西凡道德或智靈之問題關於個人者常以個人之利害關係解決之關於國家者常以一國之利害關係解決之是以使人爲道德之士別無他策惟有使彼知一己之幸福與國家之幸福互相表裏而已斯乃立

法者所有事蓋即以刑賞之作用以增進人類之道德也道德之學即立法之學也 The science of Legislation

(d)柏來 William Paley (1743-1803) 基督教之證明 The Evidences of Christianity 柏來者道德哲學及政治哲學之原理 Principles of Moral and Political Philosophy 柏來者曾著基督教之證明者也迺亦反對道德觀念(或知覺)之存在其言曰以常例言道德觀念至難依據世間恐無良心或道德心其物所謂道德心即吾人成見或習慣之別名耳然而成見與習慣於道德上之推理毫無價值者也德之原則在與人爲善至於與人爲善之動機則或由敬恭上帝或圖永久幸福而已甚矣吾人義務觀念之薄弱也義務之觀念實嚆矢於利害得失之關係若無賞罰福禍之作用吾人必不願遵守國家之律法若無利害酬報之觀念吾人亦必不願擇善而固執凜天命而不敢違也義行與謹行之不同不過如是一則計校此生之得失一則忖度來世之福禍而已

(e)邊沁 Jeremy Bentham (1748-1842) 道德與法律 Principles of Morals and Legislation 邊沁所言亦有可得而參考者彼謂人類者生而爲苦樂兩主義所支配者也

良心之於吾身占一處位而已良心不過關乎一己行爲是非之意見其有價值也則以與功利主義相表裏也義務不過文人假飾之辭人都不樂聞之好言義務者不過一二道德家以權利爲準志者天下滔滔皆是也

右述諸子都謂人之生也於道德之觀念爲至鈍其唯一之目的爲一己之幸福人之爲人大都若是人與人交際而規律生焉但規律之精神亦不外避苦而就樂故苦樂也者道德之宗也

或曰誠如是則何以世人有判決道德問題而未嘗以苦樂爲前提者乎世亦有以苦學求道樂在其中者其將何以解釋之學者欲解決此疑難爰有意念連合之理論 Theory of association of ideas 出

(f)哈脫來 David Hartley (1705-1757) 人類之觀察 Observations of Men 哈脫來嘗以意念連合之理論證明道德觀念之生長一如機械然人之初莫不規定於苦樂二念繼則其快樂之意念與發生快樂之事物相連合於是愛其物而不問其他矣嬰兒之初愛其母也非愛母也愛母之與彼以樂感也顧其末也則愛母之念油然而生而不知其

他矣又如金錢之爲物絕無可愛之價值顧以其能互市吾所愛物故金錢與吾心中之愛念遂相連合及其末也彼守錢虜寧藏金窖中而犧牲其所愛物此可謂不揣其本而齊其末已道德觀念之養成亦猶是也人愛道德非愛道德也愛道德之足以與我所欲也於是世之道德家遂忘其初愛之物而愛道德之爲道德焉(Love virtue for virtue's sake)

(g)白恩 Alexander Bain(Born 1818) 感情與意志The Emotions and the Will, Mental and Moral Science. 白恩氏之論調與上相同而尤爲詳細以爲良心者吾內部對於外部所受約束之一種仿摹作用也孩提之童所受道德上第一教訓卽爲服從兒童於苦樂莫不有感受之性吾人卽利用之以爲培植服從習慣之階梯於是由心理上恐懼之作用執拗遂與苦痛之念相連人莫不懷刑莫不有恐懼心對於痛苦之恐懼心卽爲良心之嚆矢孩童之旣長始能領悟一切規範之精神或原委比其壯也一切禁例之原委亦旣喩曉亦旣默仞而新意志生焉當是時彼良心之組織爲三合形而惕厲省察之情亦三倍於前但良心組織之最後部分於吾人理性及同情 Sympathy 之養成最爲重

要由是觀之所謂良心之責備義務之觀念善惡之感情悔過之痛等等無他不過表明吾人習慣於致禍招災之行爲知所規避而已

右所述者爲極端之理性論及經驗論理性派以良心爲天賦是非之見人生而有之必非外求者也（靈魂爲一碑碣道德之律即爲碑刻與生俱始）經驗派則不以良心爲先天良心之發達純由一生之經驗人之生也靈魂如一虛碑空空然而無所款識者也

七　先天論與經驗論之調和

近今先天與經驗兩派漸有調和之趨勢已不如昔日之兩不相容康德則由理性派以漸入於經驗之門斯賓塞則發軔於經驗主義而終以先天論爲歸宿康德之說已與極端理性論不同彼於吾人一事一物之知識則未嘗以爲屬於先天所謂先天知識者一綱領耳至其節目則由吾人經驗而後定焉斯賓塞雖不以先天良心爲然而亦不謂良心僅爲一生經驗之產物試述二子學說於下

(a) 康德 Kant 1729-1804 倫理學基理等書 Begründung der Ethik, etc. 康氏以爲經驗所訓我之知識殊微而未能與我一同然或必然之基理也然則同然及必然之眞理豈必先天者乎曰不然天賦吾心以純潔無疵之機能或形式或靈臬或範疇皆先於經驗而非後於經驗者也吾或不之覺然而彼於人心實有莫大之作用焉五官報我以外界之事物而感覺與靈悟 Sensibility and understanding 則能遵時間空間或原委之式象而分配之例如吾窺空間萬象卽吾心能想入空空也 Function according to the space form 又如熱足以致物體之澎漲吾知之吾何由而知之曰吾本有熱與物體及澎漲之觀念及熱爲澎漲之原因之理想前之觀念由感覺而得之後之理想（因果之推理）則由吾人理性而知之者也此種籀論事物之形式或範疇可喻以有色眼鏡吾人之理性莫不由此以窺測宇宙也

雖然吾人籀事接物不徒由理論之塗而並由實踐或道德之徑以求之者也易言之吾人不獨研究事物之必然而並論及其當然之理焉理性之分配形物不徒遵空間時間或因果之關係而亦以道德律爲標準者也

理性之命不可移動無有異貳且有權威隨之者也與吾先天必然之知識者理性之作用屬於理論者也與吾以先天當然之知識者理性之作用屬於實踐者也康德哲學之基理卽以爲宇宙間實有先天之道德律吾人之行爲莫能踰其閑者也康氏又以爲自

道德名家以至凡夫。其所疏證。其所見解。皆可納之於先天道德律。然則何由而克致此。康德曰。吾人得有知識者。緣吾心內部有先天之形式及品質。吾心得由是以盡其職。且盡其所應盡之職也。然則道德果何自發生。康氏於斯與葛特渥斯等。所見相左。康氏以爲吾人對於特別德行。並無先天之知識。不過於實踐理性中。In the practical reason 吾人有一超然之靈稟或品質。卽一義務之範疇。此範疇並非發生於經驗。乃先乎經驗而存在者也。易言之。此卽普通同一之規程。人類之所以爲道德動物者。其端在是。然則此義務範疇之公式維何。曰己所欲行。可望於人。己所不欲。勿施於人。易言之。一己之行。同時可作爲普天下之模範。是也。行不足以使人仿效者。其勿行。欺人之人。斷不望人以欺人。此欺詐之所以爲惡德。此實爲天下人類道德之公式。從無變例之可言。凡人雖不知之。而實由之。以判決道德之行爲者也。

由是知道德亦有必然之理。與有生相終始。而不可須臾離者也。顧此必然之理。由何而來。此亦一問題。豈我民之視聽。卽上天之視聽。我民之意志。卽上天之意志乎。曰唯唯否否。道德之源。實濫觴於意志之自由。或一己之知靈。自由者道德之母。所謂道德。卽由自

由自制之自作之而自遵守之者也質言之道德之基理莫不由自由觀念所發生而此自由觀念之爲基理則無人足以間難焉

(b)達爾文 Charles Darwin (1808-1882) 今姑置斯賓塞之良心論於後而先述達爾文所言亦殊有興味之事(但達氏於倫理學之學說未有統紀之可言)道德之爲物達氏以爲基於人類合羣之感觸或同情 Social impulse and sympathy 彼以爲禽獸生而有合羣之天性(母子相愛之性亦在其內)如其知靈之發達已臻高度則亦可得道德之知識及覺悟吾人可試設想之禽獸常有自顧之性及合羣之性者也所謂自顧之性不外乎充其慾望或逞其感情(如報復之情)是已所謂合羣之性者總之不離乎與衆共憂樂相扶助者近是吾人又知禽獸自顧之性綦強顧其慾望暫而不久且易饜焉且彼慣於羣居族處之禽獸所具合羣之性足稱悠久高厚無時或息者斯禽斯獸合羣之性較諸自顧之性爲強如彼有記憶之力則亦必能追念過去之動作及目的悠久高厚之性苟未遂亦不足以饜其慾望也

人類亦猶是耳吾人於一生之慾望常能先立乎其大者而不爲小者所奪捨身爲羣之

事。史不絕書。苟其高尚之志未償。則擊楫中流。拊髀興嘆者。有之矣。莫或使之。若或使之。此何故哉。曰人能思維。故能追憶既往。且能置已往饑渴之觀念及報復之感情等等於一端。而置天賦之同情及社會毀譽之勢力於又一端。兩相權衡。而忖度焉。蓋人心莫不有此知能。可敬可慕之事業。莫不由此天賦之同情所發生焉。人苟有流蕩忘返。以肆其口腹之慾。則未有不致自責自問。自怨自艾者。改過悔罪之餘。亦未有不咎其既往而策其將來者。蓋良心所以使人自勸其前過。而導之以入自新之途者也。人受良心訓練之既久。自治習慣。漸以養成。於是捐私濟公。心公理得。綽綽然有餘力。已道德之習慣。或由遺傳。亦未可知。顧無論其為遺傳。或養成。人能犧牲一切。以誓守其悠久高厚之感動。(即高尚之動作)可斷言也。

(c)斯賓塞 Herbert Spencer(Born 1820)倫理學原理等書。Principles of Ethics 斯賓塞以為道德覺悟之特狀。即以情制情是也。當蠻夷社會之時。人不敢放縱其嗜慾者。恐羣蠻之勃然怒也。後則羣蠻之中。或有人焉。稟英武之資。以建威樹信於其部落。則此畏大人之心。愈足以約束羣蠻之輕舉妄動。又後則酋長之權威。植根愈固。為力愈大。偶有侵犯之者。則且目爲大逆不道已。此言羣治由無定而爲有定。始於種蠻互相畏懼之念。而終於政治之約束也 Political control 同時鬼神之說 Ghost theory 始又深入於人心。以爲一世之雄。死有餘威。鬼神爲祟。人實受之。此實宗教約束 Religious control 之嚆矢也。宗教之約束。亦能使人有所顧忌。而不敢逞情率臆。爲所欲爲。蓋僚蠻之互畏也。政治之約束也。宗教之約束也。並行不悖。互相表裏。皆所以使人洗剔創艾。鋤除私念之萌孽者也。總而言之。有此三者。人類於計功謀利之際。遂能捐私而濟公。捨近而就遠耳」部落之有內鬨者。必不能抵禦異族之侵伐。酋長之權威。日既鞏固。於是除暴安良而誅其不從命者。儼然有雷厲風行之概。焉政治約束至斯可稱觀止矣。雖然此猶未有宗教約束之儳入也。比君威久立。法度經制。民咸習之。於是其人雖亡而民畏敬之念不衰。且因敬畏其人而並敬畏其手澤。先王之法。遂成神聖。宗教之約束。遂日著矣。久之社會愈進。禁令愈繁。日積月累。遂成國典。苟有犯者。非惟爲社會所不許。而並以爲獲罪於天焉。雖然、政治宗教社會之三約束。尚不得謂爲道德之約束。而僅爲道德約束之階梯而已。蓋事之抵觸道德禁令者。非行爲表面之結果。乃其實際之結果。亦非其偶然之傾向。乃其自然之傾向也試舉其例道德關於暗殺之禁令未嘗以犯者將受絞斬之刑或將經地獄之苦難或將遇輿論之攻擊爲申令者也道德約束之所表示於人者不過謂犯者將自勘其過以致悲痛交加福寧盡奪而已但道德之約束非有政治宗教社會三約束爲之先導不可蓋社會之安寧、必恃彼三約束爲之維持而後可望刑罰中庶民安刑罰中庶民安而後懷刑之心可一變而爲懷德之心民恥且格此之謂矣

但吾今之擇一行吾並不以社會政治及教宗之刑罰爲懷亦不以吾行之及於人利害何若爲念吾但覺吾道之尊及吾名分之當然而已是之謂道德之約束如欲叩其因乎、曰道德之約束一抽象定見耳其發生之狀態與一切抽象觀念將毋同吾人經驗既富常有一種覺悟常知抑制其小體之知覺而求饜其大體之知覺蓋惟知覺之遠者大者克致身心之安寧也道德觀念之尊嚴實由此知覺之故此尊嚴之觀念實爲義務抽象覺悟之一要素但義務覺悟尚有一要素卽强迫之要素是也義務覺悟所含及名分一辭所指明强迫之意義實由對於政治社會宗教各刑罰之畏念所發生然則此强迫之意義何以能與右述道德之知覺發生關係乎、曰吾人於政治社會宗教之志準大都爲

心中描形未來之境果（卽諸刑罰是）吾人道德之功修則以事理之固然爲據者也The intrinsic effects 雖然兩種表率其發現之時間可同其所指示亦可無殊異是以吾人對於政治社會宗教三約束之畏念亦可因連帶之關係與第四畏念（卽道德之畏念）相合易言之卽吾人對於事理固然之思維與對於事理或然之警戒可合而爲一惟其合也道德强迫之意義生焉

於此順序中遺傳性之作用頗爲重要國民先天良知之一部實有潛滋暗長與時俱進之性質此種先天良知雖由吾人歷世功利之經驗而潛長而傳遺然與淺薄之經驗實無切密之關係人類累世之經驗植根既固樹義既密遂使神經有合度之變遷神經之變遷積儲既久傳遺既繁而未嘗間斷造成一種先天道德之良能所謂先天道德之良能者卽好善惡惡之情感是也然而此情感之與個人功利之經驗則如風馬牛之不相及者也

由是知斯賓塞氏實往來於極端先天及極端經驗兩派之間而調和其說者也斯氏曰先天派道德心之說 Moral sense theory 吾無間然至於道德心之原始則吾別有所主

張而不敢強同。蓋道德情感之濫觴。非超然 Supernatural 乃自然者 Natural 道德情感。既由人類社會對內對外動作之指鍼而發生。故人類之道德觀念不能盡同道德觀念之異同。常與社會生活之異同爲正比例。道德之發生。既如是。故遂不能離功利思議之範圍。雖然吾人雖知道德心之說。於其雛形初不能發表眞理。顧亦隱藏精確眞理之基礎焉。吾既引經考史以證明矣。曰、社會通行之言議思維。情操感觸。卽爲彼族動作之標準。例如疊遭外侮之國民。其所崇尙之道德。必在戰爭與報仇。安居樂業者。轉受屏黜焉。反是國鮮外患。時値升平。則談道德者。必以中和爲歸。以公忠信義爲提倡矣。更進而言之。承平既久。累世無更。則非惟彼道德之律。延緣不去者。將別所有恪守敬承。卽國民之情操。亦將受相當之變更。易言之。國民之道德心。必其適於彼羣道德之需要者也。於是知人類之良心。彼先天派以爲上天所賦畀者。不過外緣之產兒而已。

第三章　良心下

一　心理之事 The Psychological Facts　有史以還。道德覺悟之疏解。余既述之如右。然則吾人今日安可不把翫詳審。鈎稽參伍。以繼往而開來乎。吾人讀書不求甚解則已。

苟欲研究一問題。則必。先。察。是。問。題。之。究。竟。例如討論道德之覺悟。吾人先必解析題中所有心理之順序。而後從而詮釋之。則庶幾乎其可矣。夫心理學之不知。前人註釋良心者。所以違謬僢馳。都無詮理也。質言之。倫理學者之研理樹義。苟欲成爲華實。則必自仿效各科學。分析所欲研索之事實。始純理之思辨。亦必俟心理學爲之疏譯焉。

二　良心之解析

今試述良心之作用。意嚮也。動作也。其觀念實濫觴於吾之覺悟。方其思索之餘。時則吾人意嚮動作之觀念。繞以諸種奇特之情感。或感觸情感之順吾行者。能生悅感。情感之逆吾行者。能生畏念。積極之情感。其理直。其氣壯。以勢臨。以威迫。使我不得不勇往直前。擇善固執。且不得不認其無上之尊嚴。消極之情感。則能使我嚴以律身。知其所恥。一趨一遁。情感之作用。妙矣哉。時則吾人覺悟之際。對於諸種行爲之源泉。所懷觀念。可分兩系。甲系繞以贊助之情感。乙系則繞以否決之情感。而互相爭雄競長焉。兩系之觀念。及與其相聯之情感。起落於吾心中。常若無定。吾於斯時可就彼而去此。於彼時則可就此而去彼。及其末也。二者之中。必有一觀念焉。一變而爲吾人之執意。而屹然不可動。吾心內部若是之順序。謂之裁判。察諸動作之孰善孰惡。孰爲吾所當爲。孰爲吾所不當爲皆裁判所有事也若以通俗之辭述之吾人對於諸行或褒或貶或張或弛皆良心爲之也吾唯良心之命是聽人苟有善行善志莫不深自喜慰即或有善志而行未盡善亦未嘗不可以自慰其或引以爲憾事者則時機已失駟馬難追而已不特是也且亦有樂道之士則既心公理得於是不辭迂遠之嫌而抗行違俗以求道德之勝利者即彼跅弛之徒放廢無度顛倒錯亂然苟善念未斬綿綿不絕方寸之間必致憂慚交加自怨自艾總之人常能追憶既往痛悔前非而自勸其過者也此種情感名之曰懊喪名之曰良心之責備良心責備若爲極嚴則悔過者惶怖怔營無地自厝而願自科其罪者有之矣

由是知良心之職務實始於吾擇行之先而終於吾擇行之後者也當吾思維他人之行爲或抽象之行爲良心動作之順序亦同右述順逆諸情感及諸感觸愈覺油然而生絕無壅閼凝滯之態以助我評比各行之是非曲直焉

行爲之判決由諸種情感衝突而後定蓋吾人所見事物常足以引起吾心各情感吾所判決不過表明吾情感而已是以吾人表箸事物之時實所以表箸一己之內部也吾以

某事爲可羨。因其足以興吾器重之念之故。猶吾以某物爲美。因其喚起吾美感之故也。使吾無有此諸情感。或使事物不能引起吾諸情感。則吾於道德上之行爲。亦必將漠然恝置。而不問其爲貴爲賤也。

右述諸順序。吾可與以統括之名。曰良心。由是而論。良心也者。乃諸種複雜現象聯而成系之統稱。而非一單獨特殊之官能也。人常以良心爲吾身百官之一。而司行爲之裁判者。此其所以誤也。吾人不當舉一記憶之官能。以解釋記憶之現象。稍治心理學者類能道之。良心亦猶是耳。

三　義務之情感 The Feeling of Obligation

吾人已於良心中發見心理複雜之原質。今當研究原質中之特殊者。情感與感觸之混合。謂之義務之情感。但此情感與平常心理上之激動不同。（如言時計之針。必指示正確之時刻。與言爲人必有信義。其意不同。）且此義務之情感。與論理上必然之情感。亦有殊異。蓋道德之必然。有特別意味。一心理上特殊之順序也。其能體會此理者。必不由詮釋而當由一己之經驗。心理之狀態。大都如是。無義務之情感者。不能語以義務之事。猶瞽者之不可與語形色也。

義務之情感者。所以激發吾人惕厲之情。而使之服從良心。一如上天之命者也。世人不能解釋良心之現象。而惟擬之以神。以爲良心不在吾身以内而在吾身以外。一若上天之走伻也者。即哲學家亦以剖白良心尊嚴之理爲難事。而惟以爲超然之業存而不論而已。馬鐵奴曰、吾身良心之官能。所以辨識及體承上帝好生之德者也。此客觀之權威雖居吾中虛百體從令。然與吾人意志實異其源。並與吾人特性無有關係。康德亦於己身發見此義務之情感或感觸。及此義務觀念之尊嚴。彼又仗抽象之術。原始要終以籀良心普通之迹象。而得具體之結論。以爲是乃心體之一。A form of the mind 如空間時間及原由。皆爲心體之一者。然但此義務之體制或範疇。實以動作(實踐)爲要。故康氏稱此範疇爲實踐理性。或意志。

今吾所欲言者。即義務之情感或感觸之爲吾心範疇或體制。與其他情感。如出一轍。且爲我經驗覺悟之一部。而不在其外者也。吾謂覺悟之中。該藏權威或務義之情感者。蓋吾覺有不可不爲。不能不爲。及不敢不爲之事也。義務並非理性特殊之範疇。或官能。或形式。乃不過覺悟中心理之事情。而與他種心靈之狀態。不能分離者也。義務情感或感

觸之爲心靈內部之體制與否並非重要問題吾人所欲知者卽於何種行爲吾人覺有義務之性質及何故而吾有是種感覺耳

四　愛憎之情感 The Feelings of Approval and Disapproval　學者有以義務之情感爲道德覺悟(良心)之中堅者殊不知吾人之接物也所懷觀念必傀以愛憎之情感吾見舛駁之事必生誹毀鄙夷厭惡忿恚之情吾見忠直之行亦必興歆羨尊敬慕彊熱狂之念先天派有持道德觀念 Moral Sense 之說者遂以此項情感與良心併爲一談然而亦非也蓋道德亦含有權威之元素不可忘也不特是也道德覺悟中且含有美感 Æsthetic feelings 之作用(美感可與右述諸情感同時發生)吾人潛究事理常生美之愉快於是又有學者知其一而未知其二以道德之情與美感爲一事而並以美學爲根幹道德業爲枝葉執偏以概全此之謂矣不知良心者心理狀態之成爲統紀其中最要情感之元素則愛與憎而已矣

五　良心之裁判　良心亦能裁判事理者也故富於識認力及知靈之性質道德裁判之順序可得而論之吾見人之行事既思而悟其理則義務及讚許之情感油然而自生於

是吾必發抒吾所感覺而言曰此善行也不可不爲是之謂道德之裁判其基礎維何曰情感是非之見實以情感爲據吾以某物爲美則以其物興起吾中心之美感故吾以唾吐爲失儀則以其事招致吾心厭惡之情故同一理也所謂道德之行美麗之物及無恥之動作如不能惹起吾心情感之反動則吾必不能施其裁判

哲學家有偏重良心識認之元素者以爲道德裁判之官能不外此元素若如是則良心必非感覺之官能乃識認之官能卽辨識眞理之官能是也然而吾人當知(一)辨識眞理不過良心職分之一部良心並含有情感及感觸之性質其奈何視而不見(二)道德裁判之官能與他種裁判實無差異其所異者不過裁判之對象 Subject matter 及下判之心地 Mental background 而已(如諸情感及感觸是)裁判有施諸道德者美學者禮儀者其爲裁判一也裁判者吾心唯一之勤動兼有解析及會通之作用者也如吾見一動作而不以爲然則吾已將此動作與其在吾心中發觸之情感析而爲二而後述吾心之所感覺也

六　關先天說　先天派有以良心爲裁判之官能者是以楷特渥特曰良心者吾心發見

道德律之官能。所以示人行己之道者也。易言之良心卽理性。所以發見道德之眞理。葛特渥斯及葛拉克以道德之裁判（如盜賊與暗殺人皆以爲惡行是）爲一定不易之眞理。與幾何之眞理將毋同。是以無從辯難。無從疏證。是種理性之通式。吾人生而知之。爲吾心所固有。而非由外鑠者也。此皆理性先天派所言。至於辨悟先天派如馬鐵奴如雷蓋 Lecky 則謂是非之見由吾人辨悟而得之。觀人之行。斯知其道德之價値。總之理性先天派不謂（一）吾心如碑刻道德之通式。固由造物所款識。則謂（二）吾有理性之良能。自能與我以道德之指鍼。辨悟先天派雖嘗力闢此二說。而亦以爲吾人察人之志行。立能辨識其善惡。二家之說不可謂不辯。然猶是非相貿。眞僞舛雜。請申明之。

（一）道德覺悟之際。不無知靈或識認之元素。（此元素謂之理性可。謂之辨悟可。卽錫以他名亦無不可。）然而猶未已也。吾心情感及感觸之部分。安可忘之。

（二）彼極端先天派所云自然之知識。道德之辨悟。吾人實無其事。若果有之。則人類之意見何以分流舛馳。一至於斯乎。或曰蠻貊之人亦有良能。特道德之業棄而不講。故致消滅。雖然。以羣族全體論。彼空間與時間之辨識。斷不可以拋棄而濔薙。孰謂先天道德之程式獨能斬絕乎康德曰人似有喪失天良者非天良之消滅乃人之不受其指令也斯言也加諸一二人則可若謂歷古人羣於道德之知識一若今人之明徹而特執意不遵良心之訓誡則烏乎可先天派又曰人於繁密之事理或致意見之紛糅顧於道德之基理則都認爲固然無置喙者是以殘酷之事夫人而知其爲惡慈悲之行夫人而知其爲善然而未易言也苟據人類學家及歷史學家之所記述則吾人於先天之說卽不駁斥亦必懷疑蒲登 Burton 曰東非居民不知良心爲何物越禮犯度之事惟恐爲之太晚貪叨凶淫令聞轉以休揚中夜戮人世且奉爲豪雋蒲葛哈脫 Buckhardt 曰天方之賊輒以盜竊爲琦行彼青年嚮慕之令名爲哈拉末譯言盜賊又嘉白來氏 Galbraith 者深知北美赤狄之情僞者也以爲蘇狄 Sioux （赤狄之一族，在美國西北部）之人固執殘暴而又最深於迷信以惡習爲懿行以掠刼焚殺爲釣名弋譽之具對於孩提之童父兄之所訓勉師友之所傳習莫不以殺人爲至高之德又據教士言炭黑底 Tahiti （太平洋中島名在美國舊金山西南約三千四百英里而遥）族蠻嘗殲其嬰兒不亞三分之二子弒其母亦未嘗懺悔達爾文以爲原人以未殺其敵而懊喪者則有之矣其有傷其寇讎。而受良心之責備者。未之聞也。是以愛敵如己。以德報怨。果爲人性所企及。歟。達氏深以爲疑。且云。吾人於固有之性。及合羣之同情。苟不能植之以靈智擴充之以敬愛上帝之忱。則於是道德之金科。恐無人能言之。亦無人能行之也。

(三)由是觀之。世人容有公認之原則。然不可以此爲良心天賦之證。然而學者往往固執天賦之說。以爲是非之見。此時與彼時。此民與彼民。縱有不同。顧於道德之基理。人固有其同者。時無古今。地無廣運。人於事物。必有善惡高下貴賤對比之觀念。一也。是者必善。非者必惡。二也。道德之業至尊。人常嚴而不敢廢。三也。是說也。實爲煩瑣哲學派所主張。以爲人有天賦之良能。曰心。都雷細斯所以教其趨善而遁惡者也。

詎知天下並無是官能。所謂趨善遁惡。不過一統括之辭。以名吾人抽象思想之結束耳。

吾人承事接物。頓生覺悟。於吾覺悟中。有事物焉。常與吾愛悅之情感輔合。亦有事物焉常與吾厭惡之情感耦俱。吾無以名之。名其前者曰善。其後者曰惡。吾謂善當爲而惡不當爲者。不過曰。吾於此事業。常顯吾贊助勸勉之情感。而於彼事業。則否也。是爲大同之業。是爲吾人經驗之究竟。而不爲理性。先天之裁判。

（四）借使道德之裁判有爲舉世所同認者。顧亦不得稱爲天賦。如人類之外緣相彷彿。則外緣之產物。亦將同其趨勢。

（五）良心之所判決。卽有「固然」或「必至」之態度。亦不能以是而謂爲天賦。今五尺之童。於忠直之爲善行。盜竊之爲惡德。固無有不視爲事之必至理有固然者。吾人欲解此理。不必諉諸天賦。以爲不可思議。蓋如是則不啻自謂僕遫而欲存而不論也。吾既述之矣。曰吾人覺悟中所有某種事物之觀念。（如對於盜殺之觀念）莫不繞以諸種特殊之情感。卽道德之情感。然吾人所有他種事物（如山水林泉）之觀念則不能引起道德之情感。方諸情感之應吾觀念而生。若爲之政者爲愛樂之情感。則吾名吾觀念爲善。若佔優勢者爲憎惡之情感。則吾名吾觀念爲惡。如吾以盜竊爲惡。則吾心中所有彼行之觀念。必掖以厭憎忿恚之情感者也。盜竊爲惡之判語。不啻謂宜懲宜禁之行。吾人當懲而禁之。蓋偷竊淫奔刧掠暗殺諸主辭。與邪或惡諸賓辭所含意義。無有殊異。此諸主辭之所指名。不獨各動作之觀念已也。吾人所懷之態度。亦在其內。焉判語若是。康德嘗謂之分析判語。卽賓辭爲主辭之重出之謂。判語若是。自有固然或必至之態度。以賓辭與主

辭相彷彿。或僅易其辭而未易其義耳。吾以甲行爲善而乙爲惡。則以甲乙觀念於吾心中撩撥各情感有順逆不童之故也

七　評先天感覺說

如右所述良心先天之說。自宜有所增損。今之問題。卽言道德情感與吾觀念耦俱是否自古已然。易言之。卽吾所名善惡之行。果於吾覺悟中夙能挑引上述諸情感乎。

曰非也。是非之心代有不同。種有不同。族有不同。階級與階級有不同。教派與教派有不同。甚至人與人較。亦可不同。此以爲可敬可愛之行。彼則視爲無足重輕。或竟厭惡而吐棄。未可知也。羅馬人獸角鬬之事。吾人聞之。當爲氣下股慄怵惕惻隱。顧當時少女且能熟視無覩而不聞。有蠢然傷者。他如猶太之信奉舊教者。安息日有禁烟之條。印度人不殺母牛。土耳其婦女路行不露面。偶有犯者。則皆視爲喪心病狂。已又埃斯蘭島（在北大西洋丹屬）之初民。不但視復仇爲善舉。而且奉爲可敬可慕之事。刻羅狄（歐洲舊民族）之酋豪。從未知刼畧爲可鄙夷之行。

借曰吾人義務之情感等等。常與行爲之一範式爲伴。始終如一。而不可以須臾離。則時

有遷化地有變更。而人類道德之裁判。必不能稍有出入。吾人事物觀念與各情感之關係。亦不能有所損益。教育之於人。更不能循循善誘。而盡博約之功修。蓋人生於世。所受父母之訓勉。師保之提撕。不獨足以引起其心之觀念。而觀念之旁。又能飾以道德之文采。長之於幼。告之話言。口吻之間。不獨切解其意。而並露字句之價値。是以暗殺刼略偷竊。慈。惠。忠勇犧牲諸辭。不惟指示行爲之範式。以及心意之動機。而並含括吾人對於斯所持之態度。文辭意義。由古嬗今之際。莫不冠有道德之光環。如日之暈。如月之華。但今之人。亦能遷化文辭之意義。是以載道之文。沿用至今。往往漸脫其舊染之藻飾。而與新理想相附麗。昔日之罪徒。今則爲聖賢已。

八　良心之濫觴　今請言吾人道明德立之順序。道德情感與事物觀念之聯繫。以教育之功爲多。兒童教育之初步。即行必從衆是也。行有怫逆衆意者。衆且蹙頞以顧。怒目以視。或盛氣以臨。以示其忿恚之狀。於是斯行也。必受斯辱也。深入兒童腦蒂。彼且習而效之。即以其人之道。還諸其人之身。設有他人不幸而蹈其覆轍。彼且若爲性所使。勃然有拒色。已。又長老之訓童孩。貌嚴而辭厲。於是一咲一吁。皆足使之匡懼。事有當爲與不當爲。彼且默識熟審。一若出於自然焉。

抵罪觸禁之行。其境果必惡。其佚罰必嚴。或由自然。或由人爲。兒童稍能記憶。其畏葸之念。自延緣而不能去。不特是也。嬰兒且熟聞怪祆鬼魔之說矣。如有違距不馴者。無形之中。必有懲其惡而擁其魂者。神妙莫測。出沒不睹。其可畏也。孰甚比其成童。則代以畏天之念。獲罪於天。雖禱弗應焉。久之涉世既深。接人既衆。始知欲人愛我。我必愛人。欲人敬我。我必敬人。於是從善改不善之心。愈牢固而不可拔。及其長也。民胞物與之情。亦既滋長。博愛之心遂占行爲原動力之一大部。下本赤子愛人之心。上承上天好生之德。彼爰能憂人之所憂。爲其所當爲。而不爲其所不當爲。已又及乎學博鑑遠。人始辨悟禁令之意義。而自敕其身。以觸法爲大戒。此教育也。始於家庭。繼以學校。終則宇宙之間無往而非學。自幼至壯。道德之修養。實定於世人愛憎好惡之間。敗俗之行。世人之惡之也。惟恐其不深。故我之避之也。惟恐其不速。

由是觀之。吾人所名道德之思想。必自此數事始。世人不豫之色。或長者嚴斥之辭。於吾心中引起之感覺。一也。畏痛之情。二也。懷刑之心。或天刑。或人刑。三也。惜護名譽。四也。恐有害於己或所愛。五也。之數情感中。有左述諸原素在焉。曰抗違。曰厭惡。曰否決及懲警之感。曰事有不能爲或不可爲之覺悟。使上述諸事。果會最爲。尤足以助此覺悟及情感之勢。雖然。年長月久。於吾覺悟之中。右述諸事。旋必湼伏不著。於是吾否決及懲警之情感。且與行爲之想像直接而不可解焉。易言之。當吾人目擊特殊之行。不悅之感。其生也忽焉。至若撩撥此情感者爲誰。則不問已。

有事業焉。吾知所以容納之讚許之。其順序如出一轍。茲不贅也。此喜悅之情。亦可藉敬愛或寅畏（畏神鬼之不測）諸情之協助。而增其勢力。蓋吾敬愛其人。吾必敬愛其事。於神鬼之寅畏亦然。覺悟告我以貴重之事業。吾必行之。而後於心始安

總之。兒童心理中。對於數事物。蚤生一畏避之念。比其長也。斯畏避之念。漸變而爲道德厭惡或悅愛之情。但諸情感於覺悟中發育之程度。人各有所不同。人有强於畏懼之情者。一舉一動。惟恐人或知之。並或懲警之。亦有懾於上天之怒。及神示之爲祟者。更有祗栗危懼。而實不知其誰是畏者。同時人固有砥厲廉隅。樂道忘憂。苟中情之端直兮。莫吾知而不惡。不爲事移。不爲人羈。而惟愛名分之爲名分焉。雖然。熱中道德之士。方能如斯。

天下滔滔。不足數也。

一己心理之中。道德感覺。或愛憎之情感。如何而與行爲之範式相連合。旣如上述。社會道德之起義。亦不外乎此。順序初民之所畏懼。不過人己切膚利害之關係而已。久之羣治演進。顧忌之情彌篤。利害觀念不已。又替之以君主之權威。君主之權威不已。又益之以神奇不測之勢力。神奇不測之勢力猶不已。又繼之以毀譽及精神痛苦之觀念。久而久之。博愛之情。漸次萌孽。其始也簡。其畢也鉅。且終爲道德之原動力。及其末也。羣衆之於法律。敬恭寅畏之情。油然而生。義務或名分之情感。亦沛然莫之能禦。焉羣己道德之遷化。果若是其脗合。則一羣之中義務之情感。乃輓近之產。而非人類固有之稟與性命而俱來。可以知矣。

九　以良心爲先天其理由安在　如前說爲不謬。人生而有是非之知覺者。當未之前聞。卽義務之情感。亦非吾靈稟固有物也。雖然道德意念之滋長。非有先天諸性爲之根核不可。吾人所有憤恚之情。人怒之畏憚。輿論之顧恤。仿效之衝動。共人憂患之善念。服從尊長之趨勢。莫不由天所賦畀。如外緣爲適宜。吾人高尚道德。卽以此諸性。爲演進之基礎。遵是以談。然則先天派之所主張。似不爲無見已。曰非也。如所謂先天主義。不過爾爾。則人之七情。即覺悟中所有諸事。如語言之官能。或視聽之官能。何一非我所固有。亦何一非彼造物所賦畀。何獨於良心。視爲不可思議之事乎。然而吾人固不當謂道德之意念生。而與某類行爲之觀念相連合也。吾今所能語人者。即吾心各情感。常爲外行所撩撥。且能與某類行爲相接合而已。

復次。使遺傳進化之說。果爲鑿確。吾人不妨謂喜悅情感及義務情感之官能。亦可由祖而傳諸子。若孫也。人生而有偏於畏縮怯懦殘酷或和愛諸方面。迥異乎常人者。是其特殊情感發達之易易。亦必與常人不同。或曰。服從法律之觀念。亦可由祖傳。是即謂其人苟受相當之教育。若是情感。較易發達也。傳遺既久。一若天賦。人有誤釋良心爲先天者。亦似是而非而已。不寧惟是。使吾感覺思想及行爲之傾向。皆可得諸傳遺觀念之中。安有不能與吾喜悅及義務之情感互相附麗者乎。吾人不獨遺傳泛泛之畏念。或畏懼之官能。即對於特殊事物（如黑暗如猛獸惡蟲）之畏懼。亦人類所舊有也。人之腦序殊繁。而各守厥職。有能接應特殊之覺悟者。亦有能迎候特殊之感念者。（如畏憚之念是）兩者之中。如能發生一永固神經之關連。而此關連。且能永久繼傳。綿綿不絕。然則吾人腦系之塗徑。有足以代表特別行爲者。（如暗殺是）亦有與吾愛憎諸情感相彷彿者之二者。安不能溝通接合。而傳諸子。孫乎。雖然遺傳之說。不謂嗣後嬰兒生而可有斯心理境果。之聯繫。也。彼不過謂初民腦系既已如是溝通於先。則其後裔之覺筋必易於復舊觀也。無疑遺傳論所持。不過如是。若有以爲此種腦系關連之構成。不知其起於何時。亦不知其訖於何時。或以爲特殊覺筋之鈎連。爲人類所公有。得諸天稟。而無頃刻之間斷。則均非所謂遺傳也。

右所述者。遺傳論也。夫事物臨於前。而義務之情感忽生。是果由於遺傳與否。雖不可知。顧亦不能謂其必非由古嬗今也。或謂道德情感既由教育誘導而發達。必非先天。說亦未允。人性之中。往往有發育既緩且鈍。非受銳敏之激刺而萌孽不生者。顧仍不能忘其先。天之性質也。

總之。比較以言。於人類歷史中。道德之情感。不過輓近之產。彼非吾固有之物。亦非與吾動作之觀念。不能判離。但由外緣之影響。遂與諸種行爲之範式。互相附麗而已。於是內而情感外而行爲之關連。或竟一成而不復可變。且漸成習。尙而傳諸後裔也。

雖然。今試有人相質問焉。曰義務之情感。果何自始乎。初民何以能有感覺。若是。如以此爲一虛泛之畏念。則此畏念之本原爲何。吾敢言曰。人莫知之也。萬事之嚆矢。人莫知之也。良心之如何起其端。吾心各思想如何轉輾以相生。人莫知之也。人能有思維有感覺有心志。人並能思其所思。維覺其所感覺。志其所心志。至其所以然之故。亦人莫知之也。吾能解吾身心先後之順序。與吾思維感覺或心志相配合者。若問其何由而克致此。吾將無辭以答。吾能知覺悟之爲覺悟。若詰其所由來。則余亦將無言。易言之。吾已達吾學之終點。越乎此則已入神道學或純理學之範圍矣。夫如是。則義務情感。果爲天賦乎。曰是也。人既天造。凡人所有何一而非天設。情感亦其一耳。夫如是則義務情感。豈吾人自創之律乎。曰亦是也。蓋在此。吾人不過義務情感之代表。此情感者。不在其外。而在其內者也。

十　良心之不爽不昧　如上所述。吾人於良心之疑問。殆不難解析。良心果有怪誤乎。康德曰。否否。良心而昧於事理。是特文人之幻想而已。雖然。是不可以不分析而言之。如吾

義務情感之所謂是無往而非是易言之如良心之命爲吾是非之見唯一之準度則良心固不能爲毫釐之差良心而能舛錯是誠幻想而已

但天下嘗有堅確不拔獨行踽踽之士世人遇之則色叫已卽歷史家之褒貶無常聖狂易位亦數見不鮮之事然則良心裁判不能無誤可以知矣蓋吾苟欲判別良心之指令必有一原則以爲之指鍼識者謂良心之所謂善必以其事之傾向爲準若其說爲不謬則義務情感所絜合之事其傾向或非吾所料未可知也果爾怪誤之良心並非吾人之幻想已弁陋也椎魯也迷信也皆足以使人誤辨事理而不爲後世所韙者也不寧惟是社會有遷化吾人貴賤美惡之見亦常以之而轉移故羣族之良心羣族經驗之桓表也二者均滋長不已者也但羣族良心之發達較遲超羣拔俗之士往往爲之先驅個人之道德見解常有超於時而反爲世所詬病俟諸後世則不惑焉先進禮樂之士常能以身殉道而不稍款曲者則以其良心之發達超於時故也

良心果爲教育之產物乎曰然教育固非良心之筌蹄然良心必恃訓練而後能發達老師宿儒啓發後生斧落徽引之際莫不以道德之情感膏潤其良知卽以良心爲義務之

形式而乏具體之作用。教育之功仍不可沒。人之覺悟苟不能日就月將而有緝熙於光明。義務之情感必不能卓著。

昔人亦以良心爲虛靈不昧立能辨別是非曲直而無瞚息之躊躇。然而吾人亦未之敢信。今人自幼及壯受樂育薰陶之既久。固嘗評比善惡措置裕如。然有道德難題雖聖人之知未能僂指者矣。是以吾生立行一趨一遁苟無道德之定則爲之準的。則往往有踟躕而不能取決者。人有辨事明而察理精者。亦以其引申比附納疑於決得事物之會通耳。

十一　良心與意向　康德以爲道德之行。必其行之濫觴於義務心或受束縛於道德律者也。吾擇一行中心好之而不由義務情感之約束。其行雖善必無道德之價值。吾能與人共艱辛同患難。以吾愛之之故。吾仍不爲有道。如吾未嘗愛其人而迫於名分不得不盡被髮纓冠之義。吾行始爲道德之行。此乃康德理論之崖略。所謂良心與意向之區別也。

人或叩康氏曰。暗殺之徒。苟爲彼義務情感所驅使。亦將以爲有道乎。康氏曰不然。暗殺之行非德行。暗殺之徒。亦非聖人之徒。以其所行不能爲世人之模範也。由是觀之。康氏於此。已引入一道德新原則焉。初則曰行爲之發端於義務情感者。方爲德行。終又曰義務之情感。未足恃也。必也行爲之足爲世人模範者。方爲道德之行。苟拘於第一原則。暗殺當爲善行。苟以第二原則爲歸依。則義務又未足爲我引導。豈不自相矛盾

自吾人論之。善行之所以爲善行。以其本體之善。初不問其權輿於意向或義務之情感也。斯賓塞且謂世人道德日有進化。義務之情感。終必代以意志之自由。人之擇行。非以其不敢不爲。而實以其不欲不爲。義務之辭。終且湮沒不聞。斯氏之說。固不具論。若以人之擇行。以其愛之。卽非道德。何其盭也。

人之立身處世。常有一高尚之志。尙一舉一動。無非欲貫澈其主義。而始終如一者也。蓋志者氣之帥也。百行無不從命焉。其從之也。或由愛悅之念。或由義務之情。或有習慣之力。其爲敦篤之志行一也。

十二　歷史之見解與道德　或者曰。今人不以道德爲超然之天稟。而以爲外緣之產物。是不啻剗其神聖尊嚴之概也。事物之始。人罕知之。苟或知之。遂失其敬視之心。今人果

知良心非天賦迺人爲則良心之權威必大損而其作用亦將日見其少也是以謂歷史之見解爲道德之蠹也可雖然是說之不衷可論之如左

(一)假使前說語果真情果當於此事之真理固無損益真理一事也便利又一事也

(二)今人雖不以良心直接於天亦未嘗奪其尊嚴之概也人力終不能奪天功卽如纍族之經驗社會之清議以及遺傳之道德溯其遠因何一而非天之所設當進化論之初產駁斥之者不遺餘力以爲人苟悖乎太初而不受上帝之節制及其末也必致滅天今始知進化之論與教士所信毫無悖異造物既能以泥摶人授之以呼吸則安不能與以純簡之原素使之發達演進乎亦安不能奠定若是之乾坤彼人類道德之覺悟必由是以生且長乎良心不過自然界現象之一與動植物之遷化無殊人既不致疑於此又何難質信於彼

(三)使吾人於名分之情感誠能深知其本末果足以弭此情感乎卽或如是人遂能滅絕道德之業乎吾知其必不然也吾人操存省察之既久仁精義熟之餘遂以行善爲慣事而無絲毫義務之心存焉義務情感雖漸消滅於吾道德之行有何損者不特是也今

人之持歷史見解者。亦知道德之於人。非偶然也。並知道德非武斷之業。乃人生於世何莫由斯之道。如是則安有弁髦視之者。其實人既刻摯精湛發明道德之真義。則將見其懋敬厥德。堅確不拔耳。

（四）深知道德之原委者。必爲不德。此不根之論也。主張歷史之說者。爲密爾斯、達爾文、斯賓塞、桓德、Wundt 海甫定、Höffding 及泡爾生諸人。此諸人者。其道德文章。抑何遜於康德及馬鐵奴乎。夫知道德之源。不能使人爲不德。猶知勇敢之心理。不能使人成怯懦。亦猶知視聽之狀態。不能使人失其聰明也。蓋道德情感。與各項行爲之締合。必非一朝一夕之故。彼哲學家亦安能率爾避之。其實究學甄微之餘。彼哲學家必且敬義夾持。誠明兩進。善用其知識。以納其道德之情感於軌範而已。

泡爾生曰。吾人宗教或哲學之信念與行爲之趨嚮。其關係非密。人有深信良心爲天賦。以及福善禍淫之說者。但其凶淫貪叨。仍自若也。蓋行爲由於品性。品性由於感觸情感及觀念之會冣。而非由於觀念而已也。授兒童以健全之訓練。以胞與之同情。使成道德之習慣。於是縱之入世。不加約束可也。反是神道設教者。往往以致孝鬼神爲道德之

基理不知鬼神信念一旦消釋非惟道德將失其萬里長城人且故犯常規以覦其高灑出塵者矣

第四章　道德最後之標準

一　良心之爲道德之標準

前述首要之問題卽吾人何以有崇善黜惡之事是也今吾人已知道德之事實心理之現象吾人對於若干行爲之觀念必爲若干情感所圍繞而此類情感者卽所以定吾人是非之見者也如是心理之現象所以誘吾道德之裁決者無以名之名之曰良心是以吾人有崇善黜惡之見者以有良心故也然則良心果爲天賦乎吾人之斷言曰良心並非於有生之始與性命而俱來如先天派所言亦非純爲箇人經驗之果如經驗派所述蓋二派之說不可兼信亦不可以偏廢也吾取先天派之說者以良心未嘗無天賦之性質吾亦取經驗派之說者以良心實有其遷化之迹者也

雖然今猶有進者吾人崇善黜惡良心爲之然則良心何能若是吾人好惡之情何以必繞若干觀念而不捨若曰兒童道德之意見莫非得諸親若師然則其親師又何由而得之總而言之吾人各有道德之裁決而能是其所是非其所非其孰使之是之所以爲是

非之所以爲非。其標準何在。

二　神道觀　此中古煩瑣哲學派鉅子如鄧司各脫斯 Duns Scotus 及屋肯 William Occam 所提倡也。其言曰、良心者帝旨之表示也。盜竊與欺詐之爲惡德。實天之意。天苟以盜竊爲善者。則竊國者侯。固無不可。是之謂神道觀。

三　自然觀　又有一派學者。以爲事之爲善爲惡。一自然之事也。道德之訓令與幾何之原理。將毋同。盜竊之爲惡德。猶二與二之爲四。吾人可不加思索而知之。以其爲當然之理也。持是說者。人又稱之曰通俗派。或常識派。

四　正鵠觀　前二說者。莫非近於武斷。科學發明以後。其說之不能通行也。亦宜。蓋科學之士。必不願囿於俗說。而能更進一籌也。今若謂吾人道德之見解。良心或帝旨實左右之。是也。然而猶未已也。道德之裁決。果以何者爲其最後之標準。吾人安能置而不問。若謂帝命之所謂善。吾人卽以爲善。帝命之所謂惡。吾人卽以爲惡。然則帝命之所歸。豈無一定不移之理由乎。

五　正鵠觀之論據　道德見解最後之標準爲何。今試徐徐答之。是卽問篤實之爲善行。

詐僞之爲惡德果何故也

（一）凡有意志之動作不能無其鵠的以吾人之願望卽達其一生鵠的是也其實吾人先天之衝動及無意志之動作其傾向亦在達其所求之鵠的動作意嚮之必有所終果此自然之理也今夫吾人之動作既常有意志爲之先導而意志又必有其所求之終果由是可知凡有動作必有其終果凡有動作必以吾人之願望爲其鵠的然則吾人苟謂如是終果或影響卽爲道德行爲之所以當不謬也

（二）吾人苟察世人所稱爲善或惡之行爲卽知所謂善行之終果常與所謂惡行之終果不可同日而語卽善行之終果常爲世所好而惡行之終果常爲人所惡是也是以欺僞讒詐盜竊奸害暗殺所致之影響吾人稱之曰險惡誠信忠義慈愛所生之結果吾人名之曰良善蓋天下事物有因必有果而人性則於各種事物之效果往往存好善惡惡之見殺害之爲害於社會亦多矣（一）殺於人者既喪其生且絕其一生之希望（二）彼親若友必懷悲恨報復之念（三）全社會之安寧亦以之搖動（四）被殺者之家族或因此而失其所恃成爲貧乏社會由是必間接以蒙其害（五）彼殺人者亦不能更享平安

之福且將受輿論之攻擊及國法之處置(六八)社會既將有所不利於彼彼將轉惡社會之不已容如是惡果種種莫非暗殺爲之是以暗殺爲惡行今有一社會焉其人民習以詐僞相尚權勢相臨枉屈者不受直橫行者不得罰其社會倘能昌盛乎哉由是觀之行爲之爲禍爲福(終果之善惡)豈非道德上最宜注意之事

(三)凡於良心所不能指示之事吾人往往苦索深求不遺餘力常自問曰吾行之影響於吾身及社會者果何若吾人於無足重輕之事無有不從衆者而一旦既知若干行爲之影響至險且惡則亦不得不翻然改圖以自異於衆焉方吾人之訓勉世人也亦常以善惡行爲所生影響爲辭所謂和氣致祥乖氣致戾又所謂爲人之範皆此意也

(四)今如考察世界列國列代之風尚則知彼民族所崇奉之行爲必於其時其地有特殊之利者當蠻夷社會聚族而居互相忌視之時其最大之需要卽抵禦外族以保衞己族是也於斯時也殺敵復仇必爲最美之德叛逆外向必爲最醜之行比部落膨脹爭雄競霸之際則必以服從權威效勇疆場爲至善之行以如是之行足以統一其政令保存其民族且足以維持或擴張所有之領土也使有一行焉其影響適與此相反則未有不

爲世所吐棄者此其故可深長思矣是以殘殺嬰兒有以爲合理者此戶口太繁之故也老年被弑盛行於蠻夷之邦亦以其無用於社會而已柏拉圖與亞里士多德非希臘之賢者乎顧柏氏不以當時暴露嬰孩爲虐亞氏亦不以當時奴制爲汙

(五)道德律中往往有自相矛盾之條今欲解釋之非自各行爲之影響設想不可律曰人毋殺人亦毋自殺然國家可設大辟之刑個人爲自衞計可以殺其敵兩軍臨陣尸橫血流論者固未嘗斥之且自殺本非善行顧有犧牲一己之性命而爲大羣謀福利者人且崇拜之矣

欺詐亦道德律之所禁也然而子爲父隱父爲子隱人且諒之醫士之於病人軍將之於士卒有時皆不以欺詐爲罪孽然則同一殺人也同一欺詐也爲善爲惡其不同有如是者果何故哉吾人於是知行爲之善惡皆視其傾向之善惡而定其傾向善者固受吾人之勸勉其傾向惡者遂爲吾人所禁止吾人亦於是知道德者不過吾人所以達其一生正鵠之作用道德之標準卽功利或效用是也

六　正鵠論之派别　正鵠論者卽謂道德必有其正鵠或功利是也行爲之足以達此正

鵠而致功利者。方爲道德之行爲。然則道德所欲達之正鵠爲何。古今學者答是問題。又分兩派。

(一)爲快樂派。其言曰。道德者。所以導人於快樂之境者也。行爲足以誘致快樂者。卽道德之行爲。易言之。行爲之善惡。當以其能否致快樂而去痛苦爲斷。是派又分兩宗

(a)快樂派之唯我宗 Egoistic or individualistic hedonism 所謂快樂者。我之快樂也。行爲之善惡。視其能否使我得樂避苦爲準。

(b)快樂派之唯人宗 Altruistic or universalistic hedonism 是派之言曰。行爲之善惡。當視其與他人苦若樂而定之。

(二)爲勢力派。以其主張勢力論也。道德之原則。於此非快樂。乃安寧也。人生之進化也。完滿之生活也。勢力論 Principle of "Energism" 之名。創自德國倫理學者泡爾生 Paulsen 行爲之爲善。以其足以保存及發達人類之生活也。反是則爲惡。勢力派亦可分爲兩宗。(a)爲唯我宗。以爲道德之標鵠。所以保存及發達一己之生者也。(b)爲唯人宗。道德之標鵠。所以保存及發達衆生之生者也。

七　總結

左表。所以總結是章之所述。

道德之標準

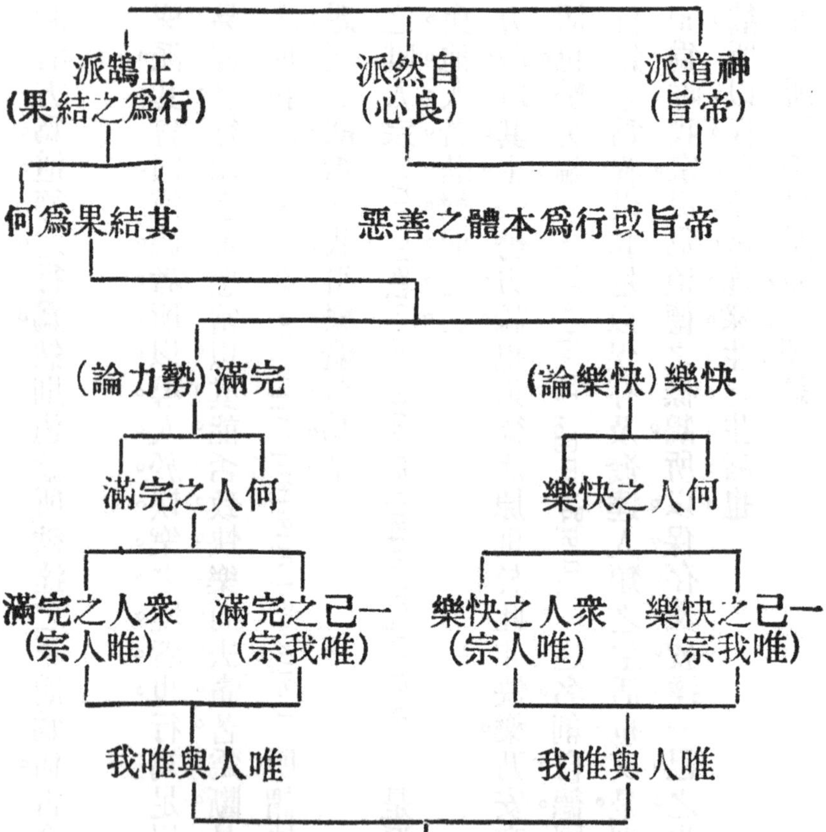

神道派之正鵠宗。卽行爲之爲善以其遵帝旨之故。而帝旨所嚮則以其行有良善結果之故

第五章　正鵠論

今於研究道德標準問題以先。試述正鵠論（卽言行爲之善惡常視其所生影響而定）之基本觀念。以及其與反對派之辯論。

一　良心與正鵠　反對正鵠論者嘗曰。人之於行。未必皆知其結果而後從事者。然而正鵠派於此問題。絕無困難。吾人於行爲無論明瞭其結果與否。而行爲之善惡。仍當以其所生之影響論焉。

蓋吾人謂行爲當以其結果而定。吾人並不謂行事之人皆必知其結果也。世人都有盲從良心之命。而於其行爲之傾向。則茫然不知者。正鵠論云云。亦非謂有善行之人皆必預知其行之近果或遠果也。求食者所以充飢。養生之念初未著也。然而吾人仍不妨言。服食滋養之品者。必生良善之果。飲食所以爲人生之需要也。吾人以竊物爲惡德。或由良心責備之故。或由竊物所生影響之故。顧前者不過心理上之原因。後者乃其原因之眞。

吾人於若干行爲。常樂爲之而莫明其故。猶禽獸之有合羣哺稚之天性也。解之者或曰。

造物曾與萬物以若是自然之良知以辨別利害或又曰萬物各自有其一種良能以保存其族類或又曰萬物辨別善惡之知識當由日積月累之經驗而發達而進化各說雖有不同而天性之功用則爲衆所公認者也

夫吾人良心雖未嘗顯然以利害爲唯一之鵠的顧其所行之事常爲有利而無害亦可以若是解釋之前既言之矣故或者以爲吾生而有良心吾生而有辨別善惡之能然吾人則謂（前亦已言之）良心之作用必隨時進化發達而後漸臻完全人類生於世非一日矣其始也於害羣或善羣之行爲必用力審擇而後定爲一種標準卽道範或法典是也行之既久遂成習慣此習慣之維持不變則由各種情感之作用（上自義務之情感下至恐懼報復之情感）及其末也以情感作用最易動人之故所謂道範或法典雖能相傳勿衰而其創設之本意或竟喪失無遺

（注）初級社會所定道範與法典未必都由知識之作用顧於簡單利害之關係原人亦能知之其實今之立法者其知識亦甚幼稚也

二　正鵠派不能解釋法典之整齊劃一乎　此反對派之言也以爲法典所寶貴者在整

齊劃一之精神。若立法者於特別事故研索因由。則律法將失其整齊劃一之本意。更將時以通融辨理爲事矣。是非律法之精神也。律法之精神爲必然 categorical 而非或然 hypothetical 者。

答之曰(一)法典中文字之必然。如毋殺毋欺之類。不過表示吾人義務上之情感。無他意也(二)法典中必然之精神。自正鵠派視之與平常規程命令或醫生方案之精神。無有殊異。正鵠論所主張者。卽言行爲之善惡大都視其影響之善惡。盜竊殺害殘暴之爲惡行。以其所生之影響與公正博愛慈善諸德不同故也。道德律與平常規程或醫方相同。皆必有其所的。醫士臨症口講指畫。有其的在卽救病。是此醫士之指令。亦可置諸或然之程式。卽如病者欲治其病。彼必若是而行是也。由是觀之。醫士之言其形式雖屬必然。而其意義則爲或然。道德律之命令亦然。

形式　汝勿欺人　此必然也。

意義　使汝不欲蒙欺人之惡果　此或然也。

三　眞果與偶果 Natural v. Actual or Occasional Results　反對正鵠論者又曰。(如康

德如馬鐵奴）行爲於道德上所獲之價值斷不視其結果今之刺暴君者論其結果或爲世界造幸福然而暗殺之行爲終非正當

答之曰是固然然正鵠論所重視者乃事物之眞果而非其偶果乃行爲之本質而非其實地所生之影響也人莫不謂砒之毒足以殺人以其性質然也時或砒毒不發此乃偶然之事若由是而謂砒非毒物烏乎可詐僞盜竊殺害之爲惡行以其必至之境果爲惡罕有幸免也蓋天下之事物有因必有果而吾人於事物之境果則常擇其利而避其害道德之律或謂由天所賦或謂由人自擇顧此非重要之點吾人所當知者道德必有其所欲達之鵠的不知是不足以言道德也

不特是也刺害暴君必無惡果之說吾人斷難證實之也自吾人經驗言之觸法抵禁之行往往致禍則有餘招福則不足而況暗殺乎哉如彼暗殺凱撒及亞歷山大第二（俄帝）之事果爲世界之幸福乎有一國焉暗殺之案層見迭出雖所殺者大都暴君汙吏是猶得爲樂土也耶

四　答一假設之問題　倫理學家之持自然觀者嘗曰暗殺與攘奪無論結果何善果而要

不能謂之善行。答之曰。居今之世。無變今之道。暗殺與攘奪。萬不能致善果。雖然。今爲辯論之故。吾人試思慈愛也、公義也、忠誠也、果或致國家於困窮淪亡。或摧殘人類之事業及幸福。尚得謂之良善之行乎。吾知其不然也。又使暗殺非所以致死。而所以養生吾人。亦將不以暗殺目之矣。不特是也。使吾人失其好生惡死之情。則吾人所有道德之觀念。頓將改變。

五　道德與健强　反對派又曰。果如正鵠論所云。善惡視利害而定。則凡道明德立之個人、或羣族。其生於世也。當爲至健極强者矣。曰以常例言。作善者降之祥。作不善者降之殃。禍福無不自己求之者。顧亦不可謂無例外之事也。譬諸善於醫者。或罹病而死。先進於道德者。或受無妄之災。未可知也。然而吾人不當謂醫者亦死。人其何必求醫。仁者不壽。人亦不必行仁。又如地震偶發。良善之社會。亦可銷毀於無形。總之、例外或偶然之事。均不足以破吾人之信念。其信念維何。曰道德之提倡。要不失爲安寧之源泉。

六　無意識之道德與法律　反對者又曰。功利果爲道德或法律之標鵠。則何以世界萬國之法典。往往有不利於其民族者。又何以世人頑守舊習慣。而不願改弦易轍。以適於時乎。應之曰。

(一)事之爲利爲害不過吾人心理所定。而後律法之勸禁隨之無知及迷信往往爲立法者之通病使人類均有知識而闢成見則國家法典未始不能完備今人之知識既猶缺乏則道德之問題自不能充分解決但各民族中往往有習於迷信之舉。自吾人視之。其爲傷風敗俗也亦已甚而行者不察。且以爲天之經地之義焉不見夫蠻夷人種。殺人以祭神以求其收災降福者乎。如是風尙行之既久彼族之良心遂爲所掩蔽而不知其爲惡德矣。印度爲人母者常投小兒於河。或活埋於其父墓側。殘酷若是。顧彼必信此類行爲可結良果也。

(二)民族文化之程度低。則其道德之程度亦下古史中殘虐之事較多則以其時博愛之情未經發達之故。今日者。人類之教育漸高交通漸繁。博愛之情由是萌芽由是擴張。故舊時殘暴之行爲。日以削減。文野之別。其在是耳。

(三)社會之情事常變而不定故昔日有奉爲金科玉律之條者今亦當改變以求其適於時。否則其害可立生也。但吾人大都守舊泥於慣習囿於成見而不喜與民更始且法典中既有背時之條文。吾人心理中亦安無非今之思想。二者之去。當惟恐其不速。否則生於其心者。必將害於其政矣。

七　道德之改良　或又問曰。由上所述。今日各國法典所欲達之鵠的。恐非道德之眞。易言之。世人有時認爲道德之事。必非眞道德矣。曰是也。但倫理學之職分在研究現行道德之原理。而不能與世人以新道德也。如已得此原理。吾人始能判決列國之法律某也合理。某也則否。但此原理與吾人所有良心不同。若以良心爲原理。則一人有一人之良心。道德之判決。勢必以武斷從事。是以道德之原理必悠久。必廣大而爲世所公認者。

八　道德之淵源　反對者又問曰。藉曰行爲之善惡。當以其結果爲標準。試問吾人必欲去害而就利者。果何故乎。答之曰、科學之家。但知吾人之道德。必有其所欲達之鵠的。吾人行爲之爲道德與否。當視其能否達此鵠的而定。是以行爲之善惡。當視其結果之利害而定也。雖然吾人何故好善而惡惡。好生而惡死。則非吾人所能知。又如體操者所以健身。人必欲健其身者。以懼疾病之苦惱。此吾人之所知也。至於人以苦難爲忌憚。果何故者。則科學家亦將無言。

九　動機與結果　反對派又曰人之動作影響或惡顧其人之意嚮（卽動機）則善故仍不失爲善人今惟以成敗論人而不問其動機天下事之不公不允孰有逾於是者乎是以英儒馬鐵奴曰吾人論世之得失當察行爲主觀之源泉而不當視其客觀之效果白拉特來曰 Bradley 由良華意志發生之行爲卽謂之善行康德亦曰善意志之所以爲善者非以其動作之影響也亦非以其有合於一定之鵠的也意志之善不在其外而在其內非由於人定而由於天賦

答之曰此事當分析言之

（一）客以爲有意志者必有善行爲然則何謂善意志意志豈必善乎如曰不然則意志之善惡當以何爲標準吾人則曰意志之爲善以其有利於人也或以其與至善之正鵠相符合也如曰意志之爲善以其所志爲善此乃論理學所言循環推理絕無結束者也吾人判別行爲宜有一標準考察意志又豈可無鵠的乎

（二）難者或曰所謂善意志都以其由責任心所發生而不問其動作之影響可也試問今有一人焉爲彼責任心所驅使而犯罪則仍將爲善人乎歷史中暗殺之徒往往誤用

其責任心以犯罪。其存心雖或爲人類造幸福。而其結果。則反是。於斯時也。其人其事。其動機其結果。皆當在吾人評判之中。而不當知其一而不知其二也。人之動機善者。謂之主觀形式之道德。事之影響善者。謂之客觀實際之道德。泡爾生之論是也。嘗引昔賢格立斯賓竊富人之革以爲貧者製靴之故事以爲喻。夫格氏之所欲周濟貧困是也。故其行爲之動機不得謂之爲非善。顧其攘竊之行爲。吾人不能贊許之。亦猶彼刺擊暴君之徒。以暴易暴。必爲道德所禁遏也。攘竊豪富霸佔之物。以濟貧困。其動機雖善。而攘竊之行則惡。刺彼暴君以快人心。其動機固善。而暗殺之行則惡。何則。苟論其久遠之傾向。攘竊與暗殺之行。決非國之利。民之福也。是以人有主觀爲善而客觀則爲惡者。亦有客觀爲善而主觀則爲惡者。蓋人之行爲與其動機。既衝突矣。則其爲人必非盡善之人。而其行爲亦不足爲世人可敬可慕之模範。且世人之爲責任心所誤者亦多矣。中古天主教人誅戮異端。無有噍類。爲蠻野之尤。爲無人道之極。無他。亦不過爲彼等所謂責任心所驅迫耳。

由是論之。善行之所以爲善。以其有善果。善意之所以爲善。亦以其能發生善行也。所謂善人者不徒思所以爲善而當行其所謂善意志之爲物道德之士斷不可以輕忽視之者以生於心者必將形於事也人之行莫不濫觴於其心人能清其心必不能濁其行又敎人以愛人則其殺人也必鮮今欲大減世人互相殘殺之事必自緩其怨仇之情始是以動作者道德之標也情感者道德之本也談道德者必求其本此心意之事之所以爲重也

(三)雖然今若謂行爲之爲善意志爲之亦非絕無意義之言也行爲之爲善視其所達之鵠的吾人之鵠的意志定之也意志所定之鵠的爲高尚之想爲自然之理其爲善也爲絕對之善而莫明其故者也是以吾人可爲探本窮源之言曰行爲之爲善以其所生之終果善也動機之爲善以其終果足以發生善行也至於終果之爲善則以吾人有此意志而已由是而論康德所言非可駁也由是而論天下本無善惟意志之爲善而意志之所以爲善則其本性使之然也

十　正鵠與作用　或又曰、據正鵠派之說則道德非吾人之正鵠不過所以達此正鵠之作用或方術正鵠苟善則所以達此鵠的之作用或方術亦必爲善是不啻歐諺所謂正鵠。是以神聖作用也。The end justifies the means 於是鵠的旣善矣。凡有犯法以求達此鵠的者亦將謂之善行。是則倡正鵠論者將率天下之人盡爲不道德之事也。無疑答之曰。吾人於正鵠神聖作用一語誤解實多。此其所以爲世所詬病也。其實此語所謂正鵠者。非謂任何正鵠。所謂作用者。亦非謂任何作用。正鵠論之微旨。亦不過謂道德必有其所欲達之正鵠。卽至善。此至善也。爲世所公認爲至高之正鵠。卽爲吾人所必欲者也。試詳言於下。

(一)正鵠派所謂正鵠。非一人一時之正鵠。乃宇宙人類所抱之正鵠也。且吾人所擇之正鵠善矣。若其心雖正而其道則譎者。亦非正鵠派之所許。是以吾可積家財。但吾不能奪人之物以爲己有。以蓄積家產。非吾人最高之正鵠也。此理也。亦可推之於政教之戰爭。政教激烈之戰爭。無有是者。以一部分國民所信之政教。未必爲國民全體最高之正鵠一也。軼範越軌之行。終非政黨或教派之福幸二也。總之正鵠論者未嘗謂正鵠足以神聖作用。但以爲吾人全體最高之正鵠。或能神聖作用而已。

(二)或曰、假使欺詐殺害攘竊諸方術。足以達吾人最高之正鵠。則此諸術者。亦將以爲善行乎曰惡是何言也自吾人歷世累代之經驗觀之欺詐也殺害也攘竊也終不能致善果者也彼陰險狡狠之徒或以一時之徼倖非徒無害而反獲其所欲顧年長日久惡積釁稔未有不至於召戎致寇者是以悖而入者亦悖而出雖吾人最高之正鵠亦不足以神聖軼軌之方術或作用也

雖然天下事固未可以執一而論者使天下欺詐殺戮之舉果足以爲人羣之利則吾人亦未嘗不恕其爲術而冀其有所成功非然者國家何能置大辟之刑以臨民又當其創平內亂也亦何可驅其軍士以殺人盈野乎更非然者用兵何以不厭詐軍事危急之頃彼將兵者何以能欺其敵人且欺其所率之士卒乎語云治亂世用重典亦由吾人深信非此不足以維持社會之安寧耳一旦吾人苟棄其所信則國家殺人之事立爲惡德可也

(三)反對正鵠論者嘗曰行爲之善惡一以良心之命爲本然使良心告我以欺詐以攘竊以殘殺以達其所信之正鵠則欺詐攘竊與殘殺亦將以爲道德之行乎抑豈所謂善即足以神聖一切作用乎若曰此吾人誤從良心之過也然則良心之未可盡恃可以知

矣夫良心既不可恃吾人豈不當盡指導之責指導良心當用何術豈非思維思維之際豈不當有一可以適從之標鵠由是知彼主良心說者亦當立一道德之正鵠以指導其所謂恒而不變之天君也

十一　正鵠論與先天說實異流而同歸　今吾人可爲統括之言曰右述正鵠論與先天說實無衝突之必要也正鵠派之言曰道德最後之標鵠在吾人動作自然而生之影響是以道德者必有其所欲達之鵠的道德不過爲達此鵠的之作用而吾人之所寶貴者則道德之功利是也先天說所主張者則異是其言曰、道德天所命也銘刻於吾心而與生俱始者也道德之於人非由外鑠而實以吾性爲其源泉

雖然此二說之殊異不若世人所言之甚而實易於調和者也

(一)道德所以爲歸宿之準的爲吾人之必需行爲之爲善以其所達之鵠的善也彼鵠的之所以爲善實由吾人名之曰善而已是以康德之言不無合理之處其言曰除善意志外世界可謂無善事意志之所以爲善亦由吾人固執之耳正鵠派亦謂道德所歸宿之正鵠或至善者一自然之善也 An absolute good 一吾人意志始終所期之善也且

如此之善無理由而自成爲善者也行爲之善終果善也終果之爲善亦自成爲善而已由是觀之吾心實有一大欲在 A categorical imperative 行爲之足以符此大欲者卽爲道德然則道德之正鵠爲吾人所自創不知其然而然故謂之自然或先天可也

(二)先天派或自然派亦必認以下數事良心所許之行爲必生善果一也良心所許之行爲必以至善之正鵠爲歸宿二也良心之職分在助吾人以達其最後之鵠的三也神道派學者亦以爲上帝所贊許之行爲必於吾人有利而無害良心之在吾身不過代表上天之命以爲吾人造福者也由是觀之無論何派學者莫不以爲良心之於吾人必爲有效用者有福利者有善果者非然者良心之善何在乎是可知先天派與正鵠派絕無爭論之餘地也道德者不過達吾人正鵠之一作用所貴乎道德者以其具此作用之故此各學派所公認者也正鵠派可以良心爲天賦亦可以良心爲經驗之所產亦可取先天後天均半之說而仍不棄其所主張之理論其理論維何曰道德之於吾人實有一種效用而此效用卽道德之基本觀念是也

第六章　至善論　快樂說

一　道德之標鵠與至善　前已言之稔矣曰吾人道德之見解亦視行爲之境果而已行爲之爲善爲惡爲是爲非常視其所達之鵠的而定人類所冀之鵠的無他卽彼所懷之理想或善是然則所謂理想也善也果又何事也哉

二　至善論之嚆矢　希臘學者未嘗疏析道德之事實以求至善之原則而惟研究至善之情性而已是以亞里士多德有言曰一術一學一志一行莫不以善爲的然則善之爲言的而已矣雖然的之爲物不同有以動作爲的者有以動作之境果爲的者如動作以外別有鵠的則鵠的爲體動作爲用又學術不同故其鵠的亦有異例如健康、醫之的也舟、船學之的也富、經濟學之的也

善之爲物卽湊乎此而吾人寧盡心竭力犧牲一切者也是故學術之有善於醫爲健康於兵爲戰勝於建築爲宮室餘亦可以類推志行亦有善卽吾人鵠的是也但鵠的非一鵠的以外別有鵠的至善也者最後鵠的之謂蓋吾人之求一事物也有以爲作用者有以爲鵠的者作用所以達其鵠的鵠的亦可視爲作用以鵠的以外更有最後鵠的在也鵠的爲數至夥而最後鵠的則一

古人之論至善者約分兩派（甲）派以快樂爲至善卽最後之鵠的（乙）派則以至善爲動作爲涵養爲全成爲知靈前者謂之快樂說後者謂之勢力說今將依次述之

三　昔利奈學派 The Cyrenaics　亞利斯鐵伯者 Aristippus 昔利奈城產也先耶穌而生凡三百年創昔利奈學派以爲人生最後之的其維快樂推諸四海而皆遵俟諸百世而不惑者也人所深惡而痛絕之事莫如勞苦且所謂快樂者指身前介福而言前不見古後不見來萬禩茫茫惟今爲實行樂須及時耳大塊如逆旅人生如過客夫人而知之者也。

有精神之快樂有體魄之快樂後者較前爲優痛苦亦然心氣之爽悅無論其爲精神爲體魄皆快樂也如是快樂皆可謂之善樂必自苦中求者其避之樂亦有爲禍甚者其愼擇之人固不能無樂人亦不當爲樂之奴

提渥多勒 Theodorus 者亦隸是派其言曰人之禍福無常而心地則當存樂觀之念謹言愼行卽所以免禍而招福樂者人生之鵠的莊敬也思慮也卽所以達此鵠的之作用也。

黑其亞者 Hegesias。持悲觀主義而以好死惡生名者也。以爲人都祈福。顧世無全福之可言。吾人至善。不過幸免苦難而已。不以求樂爲念。而樂在其中。達於至善之妙訣。其在是歟。嗚呼。困心衡慮之事實。與吾生相終始。孰謂死有不如生者。

四　伊壁鳩魯學派　Epicurus

繼昔利奈學派而興者。爲伊壁鳩魯派。此派亦以樂爲至善。苦爲大惡。但其所謂樂。與昔利奈派不同。昔利奈之樂。樂之動者也。體魄之樂也。伊壁鳩魯之樂。樂之靜者也。精神之樂也。定其心。寧其志。使天君泰然。不爲世俗所困。是皆伊壁鳩魯派所謂精神之樂也。精神之樂。優於體魄之樂。精神之苦。劣於體魄之苦。以體魄之所感受者。暫而非恆。浮而非實。不若精神之憂樂。貫澈古今未來諸時。而悠久不息者也。

然則達至善之鵠的。果有何術乎。曰人於避苦就樂之際。必當欲靜理純。慎其所擇。方可。樂固非必爲大戾。雖然。樂可爲福之根。亦可爲禍之門。不可不辨也。是派學者所謂樂。非逸樂怠慢驕奢淫佚之謂。乃身不凋瘵。心無惑亂之謂。蓋飲酒如澠。非樂也。歌臺舞榭。非樂也。食則山珍海饈。羅列堂前。亦非樂也。其有養心寡欲。精察明辨。爲其所當爲。而不爲其所不當爲顛倒錯亂之見。除而袪之。不俟終日。心志絕無蠱惑。樂莫大於此矣。世人往往爲成見或迷信或畏死之念所困。是以悲愁感憤。氣於邑而不可止。脫此困難。厥維上智。上智者通達事理之固然。而恍然莫能移者也。

欲求多福。必當言忠信。行篤敬。人苟不能忠信篤敬。必不能樂天知命。然人苟不能樂天知命。亦必不能忠信篤敬。蓋善持生者必能有德。有德者必能持生也。

兩派學說。實已由麤而精。初以體魄之佚樂爲鵠的者。至黑其亞與伊璧鳩魯。則一變而爲寧心定志之說。又舊說之樂。暫而不久。繼則有所謂君子有終身之樂。無一日之憂者。蓋欲達於至善。非有沉思遠慮不可。伊璧鳩魯派於此。未嘗不三致意焉。

五　提摩克利多斯 Democritus。　提摩克利多斯。上古快樂論之鼻祖也。顧其所論述。較諸昔利奈及伊璧鳩魯後起兩派。轉有進焉。故倒置於此。以爲太古學說之結束。

提摩克利多斯曰。人生鵠的。樂與福也。顧此皆人身內部之事。人果心安氣和而無愧怍。樂莫大於是焉。如是情感。實與官體之健康或愉快無關。求而獲之。舍推理末由。如養心之事。莫善於寡欲。馳情役志者。吾見其終失望也。又如人有昏冥於豫。欣欣焉自樂其性者。亦有無致逸豫。痒痒焉自苦其性者。孰去孰從。不可不審察而明辨之也。蓋官體之愉快。一昔湮滅而不復返。擾我心志必非淺。鮮。人欲保其常度而不改其樂者。其必由熟思審處。精一克復。盡心竭力以養其德性。而後可。

道德之可貴。以由是道而得達人生鵠的也。人生鵠的者。樂也。公義也。慈善也。達我鵠的之最要作用也。至於猜忌讒慝。足以釁卷僨轢以亂天下。害莫大焉。有德者必有福。斯德之所以爲貴也。雖然吾之立德。非以畏禍之故。畏禍而爲善。則陽善而陰惡。可已。吾不爲惡非不敢爲也。不欲爲也。吾人一舉一動。必出自悃愊而無絲毫售僞好欺之心。而後可以成德。而後可以有福。一言以蔽之。吾人之鵠的在福。而所以達此鵠的者在德。

六　洛克

近世快樂派之言。試述其一二。洛克曰。人類者。莫不以祈福爲職志者也。德也者。由吾人自然推理而得。其爲義務也。以其代表上蒼之旨。故其尊嚴彷彿法律。其所以爲貴者。以德行乃善行耳。行己之善。或與人爲善。其善一也。反是者。謂之不德。不德者。害行之別名也。擇福莫若重。擇禍莫若輕。人生於世。當如是耳。凡事之足以饜吾心。定吾志者。謂之福。反是者。謂之禍。禍福與臏息肉體之憂樂。可無關也。苟貪一朝之樂。必貽終身

之憂可不慎之人生之樂而可久者請約略舉之健康一也名譽二也知識三也善行四也來世永久之幸福五也

七　蒲脫勒　蒲脫勒主教也顧其講經也亦優有快樂之論調其言曰世人苟明樂之所以爲樂卽真樂則其良心與自愛之心蘄嚮必同又世人果能多聞廣見知遠察微則當知義務與私利不啻一物互相倚伏者也是理既彰則吾人善之觀念事物之處置適宜其鵠的非他亦人自爲謀而已於宗教或道德發達順序中吾人禍福之觀念實爲最要之元素是以吾人於獨居幽思之際言行趨避常不知何所適從及其深信篤喻此事之當爲我福不爲我禍則自判然決矣

八　黑謙孫　黑謙孫曰行爲之善可自其實體言之以其傾向有合於道德之綱領或綱領之一部其人之意嚮可不問也行爲之善亦可自其形式言之則以其人之動機爲善故也然則善者何也曰事之最善者以其足致最大幸福於最大數也其最惡者之速禍亦仿此

九　謙謨　謙謨者固主張先天道德觀念者也其言曰是非心之作用一情感之作用也

吾人之籀思品格與行爲也苦樂之情感其生也忽焉是卽善惡觀念之基礎然則情事之引起吾悲歡之心理果何故乎質言之吾人道德之見解何自始乎謙氏曰今有事焉吾讚許之以其事之境果爲善而非惡也人有可敬可慕之品性者必爲國家之良民人有可鄙可惡之資稟者必爲羣之蠹由是知善惡之判別亦視其事之影響於社會爲利爲害而定吾人好惡之情感亦由其事與吾之利害關係而生焉但吾與社會休戚之相關不密吾能憂人之憂樂人之樂視人之得失一若有切膚關係者則吾與人有同情故也吾生而有與人共患難同安樂之情是以事之有利於社會者吾必褒揚之而無所審顧焉

十　柏來　行爲之善惡當視其影響如何此柏來之言也又曰善者宜也吾人於道德必存服從之觀念者以其有利用故也有德者必有行言其行必順乎天合乎人而積善既久必有餘慶也夫帝德好生而愛衆人欲體承帝旨以擇其行必視其行之影響於民福而後定福也者與官體之悅感不同官體之樂暫而不恆屢則人且厭之蓋吾人志不在此而在高深之樂事也高深之樂事必不在災禍困苦之苟免亦不在安富與尊榮而爲

以下數事一、實施吾博愛之情二、訓練吾身心之官能三、懷有志竟成之執意四、得良美習慣五、健康樂有清濁之辨亦視其久暫厚薄而已矣

十一　邊沁　邊沁亦以快樂爲吾行之鵠的以爲善莫大於快樂惡莫大於痛苦事之爲善者以其足以增人之樂也人之擇行既以苦樂爲指鍼則吾評人之行亦當以是指鍼爲歸一己之行不變之的即其終身景福是也吾人所求之樂當擇其至久極厚者品質高下可不問也使樂之度果等則小兒羽子之戲與學子吟哦其樂一也今欲絜比禍福之重輕當以左述諸事爲準二者久暫厚薄一也真僞二也近遠三也饒瘠（有無同類或異類之情感相隨）四也影響（福禍及人之多寡）五也

一己之福常與羣衆之福相表裏是以憂人之憂樂人之樂者必受福祿之膍懷道之士不可不自勉以勉人不特是也世有敗類實不知私利之真詮亦不識苦樂之究竟達理聞道之士當知所以提撕而警覺之矣

十二　約翰彌勒　約翰彌勒嘗慕邊沁而稍變其說以爲事之爲善視其所以徼福事之爲惡視其所以構禍禍福者苦樂之別名也雖然樂有不同有盈有謙有貴有賤人之涉

世既深飽受二樂之經驗而卒毅然決然捨彼就此者則其爲樂必爲可貴蓋養其大體所得之樂必盈於小體之所感受也藉曰世之顓愚昏鄙類能自求多福遠勝於賢智然而智者必不甘爲款啓寡聞之夫而賢者亦不願爲自私自利之徒也寧爲多憂之男子毋爲自喜之蠢豕寧爲抱恨而死之蘇格臘底毋爲喜躍抃舞之愚夫彼愚夫蠢豕之自樂其樂者以其塞聰蔽明終身不解之故賢智之士則能問一知二絜長比短此其爲樂所以大也

雖然樂之鵠的非一己最大之福乃羣福最大之積也君子之計校利害得失也當祛人我之見存博大之心一如慈善家之博施濟衆而無所偏私功利主義之正大光明有如是者耶穌基督之訓條一功利道德之精神也所謂己達達人愛鄰如己者實已臻功利道德圓滿之域天下可貴之事當以犧牲一己福利爲最然而犧牲非吾人鵠的必犧牲而外別有鵠的方可若犧牲而不能爲蒼生造福則亦徒此一舉而已

至於吾人何故犧牲小己而利大羣彌勒所言似尚未能透澈其言曰人生而有與人共甘苦之情其基礎卽人類胞與之觀念是也如是觀念淺化之羣亦見萌孽深演之邦不

待言矣本此觀念人類所以能捨己以善羣也歟

由是觀之邊沁與彌勒莫不以最大數之最大福爲立行之鵠的或道德之標準但邊沁以一己私利爲道德之原動力而彌勒則以博愛之情爲其源泉

雖然二氏之異同猶不止此邊沁以爲樂莫大於至久極厚之樂至其品質可恕置不問伎樂之度量果等則小兒羽子之戲與學子吟哦其樂一也彌勒則不以此爲然嘗謂樂之品質有貴賤高下之不同吾人當取其高且貴者由彼最大福之原則而言人生最後懸企之鵠的（爲己爲人無有差異）卽一免災降福之境其避災也惟遠其求福也惟盈盈也者兼指度量及品質而言也度量與品質之辨識莫如涉世彌久自察彌明之士以其能知己知彼且能比量其得失也是卽功利派所謂人生之鵠的與道德之標準不惟人類所當崇守而服膺卽有生之物亦莫能違也

十三　薛知微 Henry Sidgwick　薛知微者快樂派之又一支也亦以最大福爲最後之善所謂最大福者卽言樂超於苦之最大溢量此蓋以苦樂各有數量可比可均而二者之消長則甄究道德者所當注意者也

薛氏嘗舉實踐數原則，以示世人。其一爲愼，亦稱善於自愛之原則。其原則維何？曰、人之求福，當籌全體以及終身，不重此部而輕彼部，官體一如心志；不拘此時而棄彼時，未來同於今日。昏於一朝之愉快，而不圖終身之大福者，非君子所當爲也。

其二爲惠，或稱仁愛義務之原則。乾坤覆載，溥博無私。人之好善，誰不如我。是以君子德參天地，愛人如己，無偏無黨，王道蕩蕩。其求福也，亦一本至公無私之心。視人之樂一如己之樂，視人之憂一如己之憂。其有置彼而就此者，非敢有所私也，私卽所以爲公也。世有自私自利者，往往隱約其辭，以語人曰：彼所圖者，非以營私，從衆而已。其意若曰彼蒼造物，固命以自求多福者也。然而吾可正言以告之曰：自世人視之，彼一己之祿利，固未嘗視他人福利爲獨重也。如以世人之善爲全體，一己之善爲部分，則任何部分，其爲重要，孰能軒輊之哉。不特是也，衆人之善，當爲絕對之善，亦當爲賢智之士存養省察之鵠的。

其三爲義，亦稱公平之原則。假使人我所造境遇，初無殊異，凡諸行爲，於己爲善，於人必不能爲惡。躬自薄而厚責於人，烏乎可。人之境遇，事之質性，使果相同，甲可以施諸乙者，

乙必可以施諸丙而不可謂易其人卽當易吾道德之判決也

十四　贅言　吾旣述快樂派哲理畢今請論其沿革之辜較在希臘諸學派初有以官體之樂或一朝之樂爲至善爲吾行之原動力者（亞利斯鐵伯）繼則其說漸變提渥多勒、提摩克利多斯與伊壁鳩魯諸人遂不以一朝之樂而以終身之樂不以樂之動者而以安神定志爲立行之標準不特是也後之兩氏又未嘗不三致意於謹行及推理以爲人無遠慮必有近憂彼不敢縱厥嗜慾者必恃性理之約束更謂精神之樂愈於官體之樂人欲符其高尚之思必不由於細娛之玩而必自養其大體始總之至善之基不外道德之行是則二氏所翻覆揚搉鍥而不捨者也由是觀之快樂與勢力兩派所爭持而未決者不過道德之基義至於人必修其德行則固未嘗不相謀也但此以道德爲身心佚樂之媒介彼則謂道德足致身心之完全而已

晚近學者則由希臘學說終止之境以發其軔於樂爲至善之說莫不稍易其詮理亦莫不重視謹行與推理二事邊沁之說爲近今快樂論之最偏者顧亦謂人當志其終身之樂偶或不愼卽不能達其所志也諸子且謂口腹耳目之樂必非人之所志大福所在總

之不離乎德性之薰陶也近是

捨是而外近世學說更有進焉。洛克柏來邊沁諸人。猶襲希臘唯我之快樂說。以爲至善。不外一己之福。但謂一己之福必與羣福相附麗焉。然而黑謙孫謙謨彌勒及薛知微則不躉其說。而以博愛之情感爲天賦。以至善爲羣之福。雖然彼此異點僅涉理論。而與實踐無關。兩派學說均謂人不可不有善行。此則以一己之福必視其利人之行。彼則以爲人生而有愛人之心者也。

彌勒於近代快樂說亦有重要之貢獻。彼謂快樂者至善也。立行之標鵠也。但羣演旣深。人受經驗之訓曰。小體之樂不如大體之樂。人就大體之樂者。非以二樂厚薄之度有不同。而以其品質有高下耳。蓋小體之樂相對之樂。大體之樂絕對之樂。人之愛其大體之樂也。莫或使之也。莫或使之而猶自樂其樂者。人性使然也。由是觀之。彌勒所謂立行之標鵠。不在樂而在樂之品質。人之愛此品質。固毅然決然而無所猶豫者也。易言之。吾行之原動力。非肉體之樂。乃精神之事也。彌勒亦言之矣。寧爲抱恨而死之蘇格臘底。毋爲沾沾自喜之愚夫。然則人之至善。並不在樂。而在德性之薰陶也。準是以談。則快樂說與勢力說固一而二二而一者也。

第七章　至善論　勢力說

一　蘇格臘底　古昔學者亦有不以快樂或福利爲人生之鵠的及道德之標準者今試述之。

蘇格臘底嘗力駁當時詭辯派之快樂說而以德爲至善德者何曰知也知也者治事之本也不知韜略不足以治軍不知民情不足以治國

知識何以爲貴以其爲事物明確之概念也物各有其意趣鵠的、及其所能爲者（物之爲善於人其理尤著）人能深知其意趣鵠的而並知所以取其善以爲己用則必能達其慾望保其福寧夫如是則知識乃與人之福寧相表裏夫如是則知識乃爲至善由是觀之德也者不外善惡之知知所以行其善而避其惡也人無樂於爲惡而不樂爲善者放僻邪恥之行愚爲之也

然則善者何也善何以能爲用於人蘇格臘底曰其惟守法人必遵守國禁尤必服從鬼神之令卽世間道德律是也正誼明道之士固無不知國典之不可違人道之不可逆者

也。

德者福之始。福者。德之。終。二者不可得兼。則寧。捨。福。而。取。德。

二　柏拉圖　柏拉圖者。蘇格。臘。底。之。徒。也。以爲至善者非快樂。乃灼見也。博學也。美之觀念也。推理。之。事。也。人必欲脱其官體肉慾之關係。蓋吾體者。所以禁錮吾心志囹圄吾靈魂。爲惡。莫。大。焉。是故上天輕清。下地重濁。純想則飛。純情則。墮。人孰不欲瀟灑出塵以免世俗之困者。則惟有潔其心志以效。法。神。明。而已。研索哲理。所以援吾靈魂而出諸軀殼。且自置於理想之域。以得事物之真。始而又返吾。靈。魂。於。清。都。紫。微。之。居。也。

右所云云。一肥遯鳴高。背世。離。俗。之。思。議。也。雖然。柏拉圖非不更事者。耗精神於虛廓。廢人事之經紀。烏乎。可。故。亦。嘗。示。人。以。實。踐。倫。理。焉。其言曰。官體世者。精神世之反映也。人苟深知此世。亦。必。能。領。悟。彼。世。之。真。而。美。然則此世之至善爲何事乎。曰至善者事之盡美者也。事有爲人所必求。求而獲。之。則已充其願望。而更無他求。而後。可。爲。盡美。樂也。知也。皆不得爲善。何也。曰人必不願棄知而求樂。縱慾忘返。蠱惑其心志。致與草木同腐也。人亦不欲捨樂而取知。勞身焦思。深入冥奧。而盡。泯。其。苦。樂。之。見。也。人生鵠的。當爲知與樂之合然而二者之間樂之爲要素也實非至高乃爲至卑蓋知者所以出令而樂則遵其令者也又知所以定綱紀致中和示吾行以規則而樂則不然如以樂爲善之最高要素則窮奢極樂至於潰敗不可收拾亦將以爲至善天下寧有是理耶是以於盡美之人格下體之感觸及肉慾莫不屈居下乘受德知之指揮德知主也官體之情感從也

三　昔尼克學派 The Cynics　蘇格臘底既沒其徒安底生 Antisthenes 創立昔尼克學派以與昔利奈派快樂說相抗衡但其傳述蘇格臘底之學說不無言過其實之處安底生曰樂者惡也非善也至善云乎哉然則至善者何也曰人必勞其筋骨餓其體膚窮乏其身並能克制其嗜慾而後可謂之善與世無營方爲人之天職其有醉心於富貴尊榮般樂怠傲者終必至於挫敗失望也無疑人其勿貪偶獲之利以其至險而無定也人其勿爲世間苦樂所誘人其安貧樂道蹇運頻乘亦無如之何也樂從苦得其樂方甘人能無求雖爲乞丐厥富仍自若也富莫大於無求疇曰不然德者吾人之至善亦唯一之善有德者不必其有知也德之始爲動作而其終則爲吾人之福

四　亞里士多德　亞里士多德曰人之動作莫不有其鵠的如是鵠的或成作用以達較

高之鵠的亦未可知。但吾人必有一至高鵠的或至善止於此而絕無所他求者也。然則此至善爲何。曰人有以富爲至善者。有以樂爲至善者。更有以名譽智慧或道德爲至善者。然而富當爲作用而不當爲鵠的。樂亦不過善之一而非至善。其實吾人力求名譽快樂德行知術者。非爲名譽快樂德行知術也。蓋由是而可得吾最後鵠的耳。吾人最後之鵠的爲福。所謂福者。物各能發達其本性之謂。是以人之鵠的或人之福。在篤行其所以爲人而暢其智靈之事業是也。總之人生之至善。不外於推理之業深造而曲暢耳。

由是觀之。德也者。心志之宜其職守也。心志之爲物。半爲推理。半爲執意。推理近乎知。執意近乎行。是以吾人有辨證之道德。如智如愼如明哲皆是也。有實踐之道德。如寬洪如勇毅如克己持身皆是也。實踐之道德。不外先立乎其大體而不爲小體所奪。官體之觸感。必當受性理之約束也。德者人所得然。亦必奠其基於吾人先天之靈稟。德也者。所以納吾覺感於正軌者也。覺感之入正軌與否。其將何以定之。亞里士多德曰。亦視其果能無所偏倚而謹執其中而已。蓋德之所以爲貴者。以其使人莊敬端正固執其中而不敢稍悖其性也。

道德高尚之業。至善也。其必至之境。當然之果。自是樂感。然而樂。非吾人鵠的也。德或與樂。不相爲謀。顧吾之擇德行。仍自若也。樂固與德互相表裏。亦推由道德而生之樂。方得謂之善。雖然。客觀之善。亦有與主觀之精神相倚伏者。如健康、自由、榮譽、以及材藝等等。皆是也。天下之無福者。莫童幼與臧獲若。

五 斯多噶學派 The Stoics

斯多噶派者。繼昔尼克學派而興者也。以爲善莫大於各遂其生之自然。人之善亦在率其所性而循其正理。此正理者。四海皆遵。普徧萬物者也。人能率其所性而循其正理。是之謂德。

道德之行。必自征服情感始。情感者。智之賊也。人之重要情感有四。一曰痛。二曰畏。三曰願望。四曰樂。此數情感之發軔。可述其崖略。於此吾心之衝動。固有其善者。如明哲保身之類是。但斯類衝動。忽成激烈之時。則足引起吾人之妄斷。如是妄斷。卽爲情感。是以對於未來之貨財。苟生妄斷。則吾人慾望或樂念。可油然而生也。又如對於未來禍菑。或生妄斷。則痛懼之念。亦可勃然而興也。如是情感或慾念。不啻吾知靈之賊。神魂之蠹。戰而却之可也。人之薄於情者。猶不如無情之爲愈。世有上智。其必無情。其必不爲痛懼樂慾諸情所累。總之德爲無情之別名。制情竭慾之聖。乃斯多噶派所最仰望者也。德爲至善。亦唯一之善。不德爲唯一之惡。捨是而外。身心內外諸端。殆無善惡之可言。死亡病困非惡也。壽康名利亦非善也。有德者必有樂。顧樂非吾人之鵠的。不過德行之境果而已。知者之有德。以其深知何者當趨。何者當避之故也。

羅馬一代哲理。頗受斯多噶派之影響。罕有推陳出新者。今姑從略。

六　新柏拉圖學派　據柏拉圖學派後起諸家所言。則八荒之內。大鈞所以播物。一氣而已。氣者精神之謂也。物質莫不托始於精神。由精神而趨於物質。則聖昏之別也。蓋精神爲清。物質爲濁。世間之瑕多瑜少者。莫物質若。光明之離其發射點愈遙。則其爲力愈微。終且成爲黑暗。精神之變爲物質。亦猶是耳。雖然。事之大原。苟出於天。則終必思所以還其原。

人。天地之徵者也。精神在茲。物質亦在茲。善在茲。惡亦在茲。至善也者。吾人知靈發達至於圓滿之域也。於斯時也。靈魂必離肉體而獨立。一以正理爲歸。而惟天道是知。吾人最高之的。在於抑情窒慾。置身於純。而與上天同體。彼美術家嘗求此理想於感覺之表示。

鍾愛者嘗求此理想於情海而哲學之士則求而獲之於太淸（於知靈世或帝域）人能默契道體靜參禪境則情與美皆不足道也觀於海者難爲水觀於峻宇雕牆者難爲宮室游於哲士之門者難爲美蓋世人之所謂美與純美相去不可以道里計也有道之士惟知蠲除其肉體之樂而專心致志於悠久高厚之業哲士之樂不可以言語形容之其爲樂也足以使人形情多忘有無胥泯而自失於莫睽之太沖蓋人之生也限於頑軀濁殼而不能與太極合德神道並行比其死也始能歸根復命致靈極入窈冥絕根塵之虛妄守形氣之太初其爲樂也可勝計哉總之天人合一福之最至者也累我之身莫若塵寰吾人惟有絕人避世頤志弗營而超然高舉耳

右所述者於柏拉圖學說原旨未免言過其實如以心靈或知靈爲至善則人當早絕其肉體之關係又如以形骸爲靈魂之獄舍則久生固不如速死之爲愈也

七　霍布士　今請述近世之學說霍布士曰有生之物莫不思所以保其身於是順厥志者趨之逆厥志者避之而終亦不能遂其志何則人各欲遂其私則人與人戰爭之事起紛爭蠻觸之際果誰能得其所哉是以建邦立國必有其道道在抑己而揚羣捐私而濟

公其末也。人與己可各達其自保之的。由是知人得自遂其生。必自國中無警。閭閻安堵。始。更由是知邦國之於人。所以達其最高之的也。

八　斯賓那莎　Spinoza

斯賓那莎之理論。較諸霍布士學說。不謂之同條共貫不可。斯賓那莎亦曰。凡有生者。莫不欲保其生而衛其本。蓋天下之理。莫不準夫自然。人生於世。當思所以自愛。亦當擷取萬物之有利於己者。以養其生。以成其德。此自然之理也。不寧惟是。德也者。行爲之合於一己本性發展之序者也。人之自保其身。亦常循其本性發展之序。吾人由是可得基理數端如下。一、人各自保其身。卽爲德行之基。人能自助自愛而靳無挫折。斯爲大福。二、人之愛德。愛德之所以爲德也。德之於人。足以利用而厚生。心焉求之。亦固其所。三、自殺之行。都爲外緣所迫。以致心志衰弱。自戕其性。由是觀之。人欲達其生存之的。必不能遯世無悶。與物無營。身固若是。惟心亦然。離羣索居之士。其心雖敏。亦必不能洞達事理也。是以吾身而外。萬物之足以利我益我。而不可以須臾離者。其數至夥。而稟性相同之物。其爲裨益尤不可以勝計。何以言之。曰有二人焉。稟性絕同。苟其合也。凡厥效能。必倍於前。由是而論。人之有助於人。無物足以比擬之。此亦言人苟欲自立立人自達達人則必齊其所不齊合萬人之體以爲一體集萬人之心以爲一心和其衷以達其自保之念同其德以求多福是以反身循理之士類能不欲人所不欲不求人所不求此其操守行爲所以公明而忠直也總之人之職志在精其辨悟審其推理熟習之餘樂莫大焉人之福不外乎樂天而知命人欲精其辨悟之力亦不外乎樂天而知命一舉一動盡法天理之自然不知天無以爲君子而深明天人之理卽吾心之至善也

九 肯倍蘭 Cumberland 肯倍蘭與索匪脫布利均以安寧爲至善但其所謂安寧非一己之安寧乃羣之福福也者亦非宴樂之意乃成德之謂也肯倍蘭曰人生而有羣一羣之經營制作足以使全體皆得其宜者亦必足以使一己分得其宜其招亂致禍之行其影響亦可由部以及全同是理也人之於羣苟欲播其莫大之惠必使匹夫匹婦各得其所羣衆穰穰之福當爲吾人至上之的不特是也一己之福必與大衆之福相表裏例如吾身百體之健康必恃全量之血爲之培養也是以羣衆之福必爲吾人最高之的事有能直達此的而取逕至捷者卽謂之善

十 索匪脫布利 索匪脫布利嘗謂人之覺感有二一爲自愛一爲愛人自愛可名私愛

愛人乃爲博愛私愛之準的不外自安與自保謂之獨善博愛之旨趣乃在謀羣安與羣治謂之兼善吾人官體之健康發育必恃百體之同調合度是以精神之健康發育亦必自私愛與博愛各得其宜始一己之行苟有利於族類謂之善行亦曰德行德也者吾人兩覺感調和而得其宜之謂

十一　達爾文　晚近進化論亦與此說絕無牴牾達爾文嘗於其種源論一書論及此事其言曰下等動物合羣之性潛滋暗長非一日矣但其蘄嚮與其謂之羣之福毋寧謂之羣之善 General good 羣善一辭之爲義蓋言物各本其固有之境地以保其身心之健強官體之發育人類好羣性發達之階級與禽獸無有差異是則吾人道德之準志亦必爲羣善或羣安而非羣之福也可知人有犧牲一己而扞衛其羣族者其鵠的亦不在羣福而在羣善今自一己言之福與安固常相倚伏卽以羣族言之樂天喜世之民類能發揚蹈厲而歎息傷悲之族則不然吾前既言之矣曰初民社會卽有一集合之慾望其慾望常足以範箇人之動作但初民慾望不外乎福是以「最大福主義」常爲吾人第二重要之指鍼然而吾行最要之動機或指針則不在是而在吾人好羣之性加以胞與之

同情也夫萬物苟順其性則樂苟阻其性則悲如不以此悲樂爲偏私則吾固未嘗效法前人納高尚道德之基礎於一己漓澆之私致爲人所詬病也

十二 史梯芬 Leslie Stephen 史梯芬以爲道德律者不啻人羣共圖生存之科條也人之品性行爲其有害於羣之發育者道德裁判必立貶之反是者必立褒之但吾人褒貶之施不必從吾利害之見也道德之行當視其人中情之不愧是以道德之精神在察人之所安而不在觀其所行

史梯芬又曰功利論以福利爲道德之標鵠進化論則以社會健强爲歸其旨殆相彷彿福利與健强固一而二二而一者也但吾人所當服膺者方人羣循其諸階級而演進也其最著明之憲度或其羣之編制最足以表示其健强之極 Maximum of vitality 其事之與此治制相乖離者必將破壞其治化或消滅其效能也

十三 馮友林 Rudolph von Jhering 德儒馮友林之說與史梯芬所倡議殆伯仲之間耳其言曰列國風教莫不以其羣福利爲標準道之範世之求也世之求羣之的也羣之的則視其地位爲準道德之職志不外羣治之膴盛今夫宮室者不徒爲瓦礫之塊也社

會者不徒爲羣衆之積也其爲合也必由衆志之互搆而成凡爲部者必湊其全否則其全終必解也吾於是知掌國教者所以必欲扇俗誘民切道劘德犧牲小己以茂羣治其有違距不馴者且必彊之以勢臨之以威也雖然禁令强制猶不如精神强制之爲愈前者爲術猶疎後者則滉瀁無涯無微不至放之可彌六合收之則退藏於隱密且息息與吾心相通者也

由是觀之人之善其行以善羣者是卽道德之業下至居處飲食人能兢業小心制節謹度不使害其羣之生存競爭亦未能脫離道德之觀念不特是也卽凡利己之行而能間接以利羣者亦可謂之道德之行譬諸游息宴樂無往而不有道德之意義以其足以增進一己健康也健康者既爲己之利器抑亦羣之長城

道德之言議思維其主旨維何曰自保而已矣人之不敢須臾離道德之範圍者以欲自保者必先保其羣羣與己固不可須臾離也人之必欲自保者以其與樂感相連此自然之作用也樂之源泉在安寧安寧者形矼氣實富有才華之謂人必力求其安寧福善之說 Eudemonism 於是乎興人生而有羣羣亦必欲行善以獲福道德原則於是乎始人

類歷史有演進。而古今制作經營之主旨。則定而不變。卽謀羣之福。是福善之說功利之論。其名雖殊。其事則一。後者指其事之始。前者言其事之終也。

十四　桓德 Wundt 與其同時諸子　桓德學說與馮友林殆無殊異。桓德曰。凡溯道德之旨趣。必由吾人經驗而觀之。術當由徼以及通。先當察微知簡。致一曲之誠而後由簡及繁。豁然貫通。以得其會歸。夫如是則知一己之於羣。必不能爲道德最後之的。夫如是則知福幸之爲物。雖或爲執意之原動力。吾人欲達道德鵠的。此或且爲必經之階級。顧福幸其物。終非正鵠。自有歷史以還。人類莫不有所制作。有所擘畫。如制度。如文物。如學術。如禮教。斐然成章。蔚爲大觀。是蓋道德之所蘄。吾人之所告成者也。雖然道德所求。無有止境。吾人任重道遠。終無息肩之日。是以道德最後之的。人常懸而企之。未能達也。同時諸子。如 H. Höffding, 如 F. Paulsen, 如 Th. Ziegler, 如 A. Dorner, 如 G. Seth 等。皆與桓德無甚出入。故不詳。

十五　康德　康德嘗自稱爲正鵠派之敵。顧其所言與勢力宗殆彷彿也。蓋康德嘗不以至善爲樂。(人我之樂一也)而以德爲至善。義務之可貴。以其爲義務之故。又謂天下之善莫大於善意意之爲善非以其所生動作爲善以其自爲善也善意之爲善以其不動則已動必純然以律法或義務爲準人爲萬物之靈故獨能動輒遵其律法之觀念是卽其行爲之原則是卽其執意之作用有一客觀原則焉常爲吾執意所樂從是爲正理之命正理之命莫不附有至尊之權威以彊吾必行某事又正理之所命不視其事之動作或動作之影響而視其事之形式是謂無上大法是法之有效以其有固然之理存也是法之所由昉即吾人有意識之執意使有一事焉有無上之値且爲吾人最後之的是卽正理之所命也

今夫知靈之稟人類最後之的也人各以一己之生存爲鵠的故對於具有靈稟之族亦必示其一視同仁之概吾人執意於是可自勒一法而審行之焉曰、一言一行必以人類爲鵠的而不徒以爲媒介處己與接人一也是法而外別有一則其理相同是則維何曰凡吾所行必可爲世人之模範使吾冀人效吾所爲則吾苟視人如媒介以達吾鵠的吾亦必願爲人所利用而無有異辭由是觀之有意識之執意蓋能自創規律以利大羣羣且公仞之以冀天下 熙熙莫能相犯焉如是者謂之極國 Kingdom of ends 六合之內

凡有知靈莫不受此規律之扞衛莫不爲此極國之國民

今以俚俗之語述之吾敢謂康德之道德哲學與此篇所述諸家殆相合也康德謂良心指令吾行爲徒視其形式而不問其境果但吾苟察良心所許之行當具何等形式則知其行必有所宜必足以達人之的或至善或事物之有絕對價值者吾人對之莫不懷至大之慾望若自康德言之則其事之必受正理所命者耳然則孰爲吾人之的康德似曰社會之善是也人必擇其行之可爲人法者而行之是即言人其勿欺勿竊以欺人者必不願人之相欺行竊者亦不許人之相竊也非然者以己之昏昏而欲使人昭昭各以詐僞相尙則人將不信吾言而觀吾行即或輕信於先而悔之於後則將以吾之道反施諸吾身如是之法轉輾相尤其爲害也伊於胡底是不啻謂行有不足爲人範者而流行無阻焉其社會之不致瓦解者幾希

康德又謂人必視其一生爲萬事之極此言人各有爲我之衝動也雖然人固爲我亦必敬人不敬人者人亦不能敬之此康氏所以亦言人終不能以人爲媒介或作用而當視爲的極處己與接人一也易之以哲言即所謂凡欲人之施於我者吾必先以是施於人

Do unto others as you would have them do unto you 極國之建必自人能愛人如已始如是道德之靈稟吾人實受之於天以故極國之說非虛誕也

十六　贅言　今請括言勢力說之沿革希臘學者嘗仞推理之業與智靈之發達爲至善而於人心之情感及感觸則存而不論晚近勢力說所述至善取義較廣以爲智靈之訓練不過至善之一部而善之至者必指吾生涯全體之發育而言夫如是則人生福幸亦幾視爲鵠的之一部與快樂論相差殆不遠已晚近學者以爲樂也者吾人完滿發達之媒介德行之伴又人能達其鵠的之徵候也今日勢力之說且徐徐焉致意於兼愛或唯人之義以保種進羣爲一生之的道德之宗人之大欲不惟力求一己之福與德且必謀所以善其羣焉博愛一如自愛莫不爲吾人之天稟近世持進化論者且日趨於先天之說人莫不欲自保以保羣自善以善羣人亦莫不有歷世相傳之良心以助其達此理想若鵠的良心所以使我爲一羣之良民一己之所志莫非萬衆之所蘄也

第八章　評快樂說

一　至善之概念　吾人一生之鵠的道德之標準果何事乎前人解此事者頗有牴牾已

如右述學者或曰樂也者吾人之至善也顧所謂樂者其概念亦不同有以爲軀體之樂者亦有以爲知靈之樂者有以爲一己之樂者更有以爲羣族之樂者然而學者亦有力闢其說以爲至善非樂乃德也知也完滿之發育也羣己之保存也如是問題希臘學者嘗以至善爲名而輓近哲家則都稍稍遷易其題式其所設問何爲道德見解之始何爲善惡之行或何爲德行之標準等是也

今試取希臘學者所設之問及其所詮解一一覆按之而揚搉其得失焉

吾人當先察希臘人所謂蘇孟朋能 Summum bonum 或至善之意義

(一)或曰希臘語蘇孟朋能者蓋謂域中事物自人類視之有以爲至寶或以爲有絕對之値者心爲求之求之弗獲弗措者也解是說者有謂(甲)人類自擇斯善以爲鵠的自知之而自覺之者亦有謂(乙)斯善爲吾行之原動力顧吾人動作之受其支配也常於不知不覺之間而無由自主

(二)或又曰希臘斯語並非謂人類於有意或無意之中必有所求之鵠的不過謂於人類動作必有一自然之境果斯境果也或爲主宰所設或爲自然律所必至均未可知例

如吾身之官體。各能有其意趣。達其鵠的。而未嘗自求之。更未嘗自知之也。人有疏解之者。亦不過以爲官體之內或外必有一機智以驅使之。是乃純理學之說也。或曰、是不過人體組織自然之趨勢耳。

(三)前二說外。猶有第三之疏證焉。以爲希臘斯語。旣不謂人有所求之鵠的。或理想。亦不謂人類自能達此境果。乃謂人類當以此爲求也。

今試以右述諸解爲據。而評快樂派之說。

二　快樂果爲至善乎

快樂說。嘗以快樂爲至善。或的極者也。然則人類必以樂爲求者乎。夫樂之爲類不一。有樂之動者。亦有樂之靜者。如安心定志免苦之謂。有肉慾之樂。亦有智靈之樂。有唯己之樂。亦有唯人之樂。有一朝之樂。更有終身之樂。今如謂人以官體之樂爲樂。爲至善。則吾未之敢信。蓋人類所求之樂。非一。有官體之樂。有精神之樂。二者不可得兼。則嘗捨其官體。而就其精神。人文愈進。則人之視精神之樂者愈重。其視官體之樂也愈輕。斯義也。快樂派諸子。如提摩克利多斯。如伊璧鳩魯。如彌勒。如薛知微等。莫不知之。復次如謂快樂派所謂樂。乃瞬息之樂。則夫人而知其非也。豈鄙如亞利斯鐵伯亦未嘗謂人當循其一朝之樂而忘其終身之憂夫樂有足以招禍頃刻之讙或貽終身之慼稍有經驗疇不知之此德諺所以謂失察之時彌短而悔罪之日則彌長也 Der Wahn is Kurz, die Reu' ist lang. 凡有智靈皆能察古以知後是以能棄一時之樂或忍一時之苦而求異日之福幸也

(一)今更就樂字最廣或最宜之義以解快樂之說而謂世人莫不以樂爲求今如謂人類自知之自覺之而自擇一立行之標鵠或樂或福或菑禍之蠲除凡百行爲一以此爲準擇其行之足以致福而袪其行之足以招禍是說也亦無由成立何則使謂世人立身莫不有一明瞭之觀念其自治也莫不求合夫此觀念其證安在使謂立身之觀念莫非快樂其證更安在以常經言之世人何嘗持一立身觀念以制其行亦何嘗彊其行以適於樂之觀念也哉

(二)顧或者謂人之擇行必以樂爲標鵠雖不知之而實由之快樂之說殆謂是耳此卽言人之擇行莫不爲樂念所誘避苦而趨樂乃吾行唯一之原動力雖然如是云云乃心理之問題吾人必求諸心理學而後可今必先述吾人動作之心理而後能釋此疑義焉

三　動作之前事 The Antecedents of Action　吾人於此所欲研索之問題。即心理上動作之前事爲何。或吾人動作以前。果有何等覺悟是也。

(一)吾人動作有不能引起覺悟者。如人身血之循環。細胞之消化作用。皆爲機械動作。嘗不爲覺悟所約束。而且與覺悟無涉者也。其餘感覺之動作。如瞳子常視網膜所受光線之強弱以爲伸縮。亦當歸於是。

(二)吾人感覺之動作。亦有常與覺悟俱來。或必有覺悟隨其後者。天空震盪之際。吾人神經系統常受一猛烈之激刺。於是全體動搖。而覺悟亦語我曰。此大聲也。於斯時也。聲浪之感覺。未嘗引我之動作。之二事者。實同時發生。而發生之因亦同。

(三)吾人動作。亦有緊隨覺悟之後者。此謂吾身以內無由自主之動作。或吾身以外。吾能熟習而知所以制節之動作。皆有心理之迹象。爲之導引。或與之耦俱。今試分析言之。

(a)吾人察覺或思考若干事物也。常能引起諸種機體之變遷。(於運動血管、循環、呼吸諸系統。或於消化器件等等)以及軀體更爲顯著之反動。如笑吁哭泣如攻擊呼歎。如手勢。如色變等等。小兒偶見人之動作。於不知不覺間。且必效而尤之。成同一之動作。由是觀之，吾人腦部與筋肌之間，必有多數確定之途徑，縱橫交叉，歷世遞傳，以至於今。如是動作，一本諸吾人同有之性者也。故謂之本性運動 Instinctive movements.

(b)方吾人察覺而思考若干動作或事物也。吾人夙受訓練之動作，常能急起而從之。絕無心理迹象之假擾。今有琴一横陳於前，善樂者過之，往往隨手扶奏，不期然而然，善歌者聞之，且能應聲唱和，其音嗚嗚，而莫明其故。此其例也。由是觀之，人受訓練之既久，其若干觀念與動作之間，常成一神經之鈎連，是以觀念偶起，動作斯生。如是動作，緊隨觀念而發生者，無以名之，名之曰觀念動作 Ideo-motor.

(c)復次吾人對於動作觀念以外，或且隨以促迫之情感，亦常有之事。如是則於若干動作，吾人心意之全實傾嚮之順序，若斯必能隨以樂感。然使促迫過大，或使行爲之衝動忽爲禁阻，則樂感之易爲苦念，亦甚易易。蓋促迫之情感，可徵諸生理特殊之狀態。斯時也，吾人腦中細胞，必儲有力與興感之情。此力所以生動作，而當筋肌之活動，則此興感之情，所由昉也。人有辱我者，忽與之遇，則必欲擊之而後甘心焉。人知所以制其情而抑其怒者，固亦有之。然抑制愈久，則必思一逞之情亦愈篤。及其末也，非有動作不足以減其慣如是動作莫非由於激動遂以是名 Impulsive acts.

(d)時則樂感或苦念或苦樂之預測亦能爲吾觀念與行爲之媒介此言人之觀念莫不滿有苦樂之情苟無此二者則必無行爲行爲之與我以樂感者吾取之行爲之與我以苦念者吾止之而擇其他焉

(e)以大經言之吾未擇行之先心理諸事如觀念如激迫快樂痛苦以及畏避諸情感皆已樊然迭見於吾覺悟之中

(四)於右述諸事中人之擇行猶未有一決意 A decision of the will 之相掖然則吾人擇行苟有執意存焉其心理之現象果何如乎

今所欲問者卽何爲執意之要素及吾人擇行取決於意其前事爲何是也易言之人之擇行於其取決於意之時或於其未決於意以先覺悟之中果有何等狀態乎哉

今請述所謂執意或意願之一事吾方思考若干鵠的或境果此或爲特殊之行或爲連綿之事或連綿之思想可不問也此言於吾覺悟中吾方抱各種觀念或屬鵠的或歸志嚮或及策畫或爲未行而可行之事且吾所思之鵠的或境果或猶近微渺不過一隱約

之概略或則真知灼見而已鉅細靡遺悉可逆睹也吾人對此未來之事所懷之態度卽其執意態度有其正者使吾必行其事態度有其負者使吾必棄其事前者爲俞後者爲咈如是境果之觀念於吾心中實伴有一特殊之覺悟當其時吾必曰吾願之或吾心已決是也如是覺悟有之吾人欲達此觀念與否始能判決吾無以名之名之曰執意之動作濟恩氏 Ziehen 於其所著生理心理學 Introduction to Physiological Psychology 中謂此覺悟爲積極之態度然自吾人視之此乃一判決 Decision 或一己對於所有計劃之態度海甫定氏之界說則曰自心理之事言之吾人意願 Volition 乃行爲終果之觀念及所以達此觀念之術也

意願一事至是告闋至吾意中之事得達與否可不問也吾可先有意於一事而中途忽變其方針吾亦可立志以圖功然天或不佑其美事敗垂成力或不從其心有志未償然則意願云云不過謂吾人已執意必行其事或吾人已心許其事之可行已耳如吾所志之事有可成之望則吾覺悟之中所有涉此動作之觀念或提引此等動作之觀念不著則已著則意決之後行必從之至直捷也前之觀念心理學者謂之運動觀念 Kinaesthetic ideas 後之觀念。詹美士 James 謂之遠隔觀念 Remote ideas 此順序之顚末。人莫知之。吾人所知者。不過吾欲伸吾臂。臂可伸也。吾欲動吾耳。耳則不可動也。如是而已。是以執意動作之基本要素。爲俞咈之見。爲意願之事。爲思考之終果。爲擇善而固執。吾心苟無此要素。必不能有執意。雖然。人非必有執意而後有動作。人之動作。非必皆由今所謂意願而發。易言之。吾人覺悟中之動作。非必皆爲意志之動作也。動作之由於天性衝動慾望或觀念者。皆不得爲意志之動作。非謂其必不爲。謂其不必爲也。動作之有意志。必自其得吾心之許。始是以人有爲衝動所驅而爲鹵莽滅裂之行者。當其後悔。必自解曰。此非吾所願也。不能自主也。

四　意願之前事 The Antecedents of Volition　如右所述動作之原動力有五。曰觀念。曰情感。曰稟性。曰衝動。曰意志。五者之發生可同其時。亦可異其時。由是觀之。樂之情感。必非動作之唯一原動力。顧或謂執意動作之唯一原動力。或爲樂感。未可知也。今試述意願之前事。

試問吾人決擇事物之取捨。孰或使之。質言之。當吾判決事理以前。吾必有何等覺悟。

曰、於吾人判決事理之前所有覺悟至不同也時或純然境果之觀念亦足以促我意志之判決晨鐘報八下吾乃思必上講室是時也吾必勇往直前無瞬息之猶豫時或意志之判決當視其人之稟性衝動或願望或視其人之苦痛之情感或苦樂之希望人之擇其行也以其愛之之故或以其可由是求樂而避難或則是等要素合而爲一以堅其所志時或求樂之念雖足以定吾所好然而義務之情感更可彊我置此而取彼是卽所謂見利思義以敬勝怠非有虔恪之心繩以矩矱不克臻此時或反覆思維不得要領必俟其人焉於若干動作之影響於彼願望感觸或道德之標鵠確已深知灼見而後可吾能擇善而固執者必以其事與吾素持之理想相符合也

五　斷言　吾人主要之斷言如下

(一)吾人覺悟時動作非必皆有意志之動作也

(二)人之動作其原動力可爲稟性可爲衝動可爲願望可爲情感可爲思考可爲辨悟可爲意願總而言之皆爲覺悟其類雖殊其質雖異而其爲動作之先導則一

(三)稟性也衝動也願望也情感也思考也辨悟也無一不能定吾之意志易言之任何

覺悟皆可助吾之判決。

（四）由是知樂感必非吾動作或意願之唯一原動力。

六　快樂派所謂動作之心理　今試述快樂派之心理學而一研究之彼之言曰人之動作莫不發端於樂若苦是說之義有二一、任何動作莫不原於苦樂無願與强一也二、惟意志之動作方若是質言之苦樂乃意志之唯一原動力也

今遵任何一義其所謂唯一原動力亦可有四說

（一）苦樂不一其類有臨於前視而見之者有隱於後推而知之者前者爲當時苦樂後者乃苦樂之想像也

（二）目前苦樂之情感

（三）其惟苦感

（四）吾人於不知不覺間所求苦樂或於不知不覺間所有苦樂之觀念

七　當時苦樂之觀念或苦樂之想像果爲動作之原動力乎　今若據第一說快樂派若曰人之於事或作或輟則以其事能與之或許之樂若苦也自恩者、快樂心理學家也其

言曰讀心理學者莫不知有毗接及久持之律是卽意外樂事苟與若干動作不期而合者屢屢則二者之間漸自鈎連嗣後樂感或樂之觀念且能引吾合度之行情感之記憶總念或預想足以影響吾動作也與情感之徵實將毋同又曰使無苦樂情感之前事吾人意志必失其刺激之物不問其情感之爲虛爲實爲宗爲支一也易言之事物足以喜悅或撩撥吾心者不問其爲當時之事抑未來懸想之事不問其爲原始之物抑由是而支出之物皆足以鼓吾之動作事物之能與吾苦痛或爲吾所不喜者亦足爲吾行之原動力白恩以爲吾人執意高尙之動作其理正同其言曰吾旣言之矣凡動作之由意願而發生者其原動力當爲殊類異種之苦樂有當時之苦樂亦有懸想之苦樂有鎭靜之苦樂亦有煽動之苦樂今吾熟思審處之業亦安能外是例哉雖然吾人動作之際如必鍥而不捨固執一己苦樂之見亦非必爲悅心之事蓋主觀之苦樂雖爲動作發其端吾人有時亦可置而不問者也

右所述者不啻謂人之動作與思維莫不以趨樂遁苦爲的譬諸人求玄學以玄學立能與彼一樂感或樂趣必將油然而生也又人能博施濟衆使匹夫匹婦各得其所者則其

以此為樂事也總之樂或樂之觀念無往而不能鼓我之動作

(一)自吾人視之動作之心理不若斯也樂或樂之觀念謂為動作前事之一則可謂為唯一之前事則不可譬諸食者所以充飢非以食為樂感之母有時吾遇某事勃然而怒非以其事之足以娛吾情也人之正誼明道反身循理者亦非為趨樂遁苦之見所慫恿也吾既述之矣於吾覺悟之中觀念偶生動作可驟然而起如是確證實無量數稍知心理之事者莫不知之是以詹美士曰苦樂觀念之於動作其勢力至雄且厚於是膚淺心理學者輒為所欺而乃斷言苦樂為吾人動作唯一之鞭策時或幽奧難明者則以其湼伏於鼓舞動作遙遠之想像而人不之知也噫是何謬也夫於動作前事之中苦樂雖為重要顧斷不能謂為唯一之刺激其理甚明蓋苦樂觀念與吾人稟性及情感之表示實如風馬牛之不相及人之一笑一吁豈各以有樂感之隨其後乎又人之含羞必赧其顏豈赧顏之舉即所以避其痛苦乎又人之心中驚憂忿怒之既極往往形諸動作如是動作豈以樂感為之原動力乎於此諸事中人之動作莫不為刺激所促迫而成且此刺激之於神經系統必能致若事之反動也吾人喜怒愛懼之的物與其泣笑之際會或則形

諸感覺或僅附諸觀念莫不有此奇異之衝動力吾人心理狀態中必有此衝動之性質至於衝動之前事爲何則固無人能詮釋之也但人之心地不同於是其衝動之量此富於彼者有之其衝動之途此異於彼者亦有之吾心苦樂之情感有此衝動事物之覺想亦有此衝動顧不得謂此衝動爲二者之一所獨有也吾人覺悟之本性不外鼓舞吾動作至於人與事有不同則其同作亦有異是則人類進化史所當解決之問題也古人心理所有激動其爲何如姑不具論吾人所欲知者則今日之事而已世之倡狹義正鵠論者往往持一孔之見以爲先乎動作之激動不外避苦而趨樂其實樂念果能鼓舞我動作其他觀念安有不能之理何種觀念果能撩撥我動作性經驗足以語之是詹美士之言也

達爾文雖不以心理學家名顧其所言有過常子者其言曰多數學者似謂人之動作雖殊而其原動力則一此原動力者必不能與苦樂相離然而人之動作往往不由樂感而由若干激動是卽由其稟性或習慣一如蜂蟻之盲從其性者然人當危急之際如大火乍起嘗能披髮攖冠以救其鄰然彼未嘗以此爲樂事也彼亦無暇思維苟不勉力則後

悔將無及也。事過境遷。彼其人若能反溯當時之動作。則必將自覺實有一衝動力以隨其後。此衝動力者。與苦樂之趨避絕不相謀。而實爲吾人根深蒂固之好羣性也

觀念之能爲動作之原動力與否。嘗視其促我意念臨我覺悟緩急之度而定。是以詹美士亦曰。使有一觀念焉能操縱吾心於一時。而無他念之起落。則此觀念者必能鞭策吾動作。速於置郵。而傳命。如是現象。嘗見諸吾人動作之由於稟性、或情感、或觀念運動、Ideo-motor 或催眠作用、或體病之激刺。當是時其鼓舞活動之觀念即觀念之壟斷吾意念者也。方吾動作。以苦樂爲其原動力也。其現象亦復如是。蓋苦樂時或能逐其他思念於吾覺悟之外。而左右吾意願之事。總之動作所受迫力之原。莫不在於覺悟之操縱鼓吾動作之迫力 Impulsive power 固然。而禁吾動作之遏力 Inhibitive power 則尤然。蓋吾心激動。卒歸消滅者。莫不由於消極之推理。此消極之推理既已發現於吾覺悟之中。則可動者靜。之急者緩。之使一切動作無由發生。苟吾方寸之間天良悉滅。則亦何事不可爲哉。

（二）復次如謂苦樂或苦樂之預想。爲吾人動作之唯一原動力。則將何以詮釋動作之

由於稟性者人與禽獸相同於其動作往往擇其性之所近至其境果爲甘爲苦初不問也孵生之雛雛偶見一粒之穀則自能發生動作以啄而食之初不知其爲樂事也呱呱墜地之兒幼母見之自能愛念驟生必將保而育之又天下之愛眞理者輒能勇往直前以身殉道亦不問其所爲果足以致福抑所以招禍也當是時也於吾人覺悟之中其所以引起此動作者必有一顯著之觀念或趨勢卽促迫或激動之情感是也衝動既遂樂必從之顧人之擇行未必預知其境果俟其既知則其象已著由是觀之吾人擇行之衝動或意願常在其行及與此行相伴相隨之樂之先而不在其後

如有躂快樂之說者則右述諸行豈皆爲苦樂或畏苦愛樂之念所鞭策乎一說曰快樂派之所謂行爲甚始不過一感覺之反動卽若干神經中堅所受內外刺激之反動一如機械然於是初時機械動作所感受之快樂自此以後遂成動作之原動力然而此說未爲當也何則其始也行爲既未必以快樂爲鵠的則自此以後快樂何以忽成行爲之原動力乎又一說曰吾今擇行快樂或未嘗爲其鵠的然而當初則固爲吾人所蘄嚮遺傳至今初意漸忘耳雖然是說也解紛則不足招疑則有餘始自遁於虛誕莫明之域鑑且

視爲證實。以爲立說之基礎。莫此爲甚矣。不特是也。今人擇行。可不取決於苦樂。則古之人亦安嘗不能由今之道歟。

（三）復次使以樂或樂之觀念。爲吾動作唯一之原動力。然則二樂之中。人有捨彼以取此者。其將何以解之。人有重智靈而輕官體之樂者。果何故哉。邊沁嘗謂智靈之樂。高尚之樂也。此高尚之樂。視餘樂爲濃厚。然有多數心理學者。則力翻其說矣。彌勒亦以爲樂之濃度。不視其爲動作原動力與否。而視其特殊之品質。夫如是。則快樂派之說已一變其初旨。不復以樂爲動作唯一之的。而以吾人所蘄之樂。必有制限。不特是也。人之由野而文。徐徐焉遂知重視精神之樂。其孰使之乎。太古初民。由愚而智。漸知樂莫大於高尚之思。其孰語之乎。蓋人必能先自思考。而後知思考爲樂事。初未嘗求其樂於思考之中也。

（四）今復以有意識之動作論。則亦未必全受樂與樂之預想之支配者也。人各有所思。有所圖。有所爲。人亦欲功滿天下。名垂青史。人亦有犧牲一己以殉道者。初無異於鳶之飛於天。魚之躍於淵。蓋人必爲其所爲者。以由是則得順其性。遂其志。而未必惟樂是求。

也好勇敵愾之士未嘗以殺身爲樂蘇格臘底飲鴆而死亦豈以爲黃泉之下其樂泱泱乎哉又亞里士多德、歌白尼、奈端與達爾文諸人類能求事理之眞終身勿輟豈盡以趨樂避苦爲職志者蓋彼等之所爲莫或使之也亦率其所性而已是以喀拉爾 Carlyle 有言曰人有義俠之行吾乃謂之釣名弋譽思求酬報先天下之樂而樂是讒言也天下至卑極鄙之生物亦未嘗無高美之性彼召募之兵以生命爲售品者亦知軍人榮譽其事彼其志未必盡限於受訓練領餉糈而已也亞當之子孫雖彼至卑極賤者亦知毋敢逸豫毋敢獲罪於天而惟崇尚眞誠高美之事也人受提撕警覺之既久雖頑鈍之夫亦能成爲豪傑逸樂足以誘人爲是言者未免侮人過甚人心之所馳神運思鍥而不捨者常爲艱困死難諸事人能養其智靈則如燃溫嶠之犀私利之怪狀全消而可見其理極

（五）人苟願望盡償則必能悅心滿意固也然而不當謂悅心滿意之事爲因而人能償其願望則爲果也使吾必欲躍身於窗外苟其未能則意終未滿吾必達此欲望而後可以自慰然後者不必爲吾動作之原其理甚明當吾一躍而出腦部之膨脹力或吾身細胞中所儲之勢力均已散發於筋肌愉快之情自能油然而生然吾於未躍之先未必預

已思及此境果也快樂之情常以激動與欲望爲依歸而欲望則不視快樂爲取捨今以動作之後隨以快樂乃謂快樂爲動作之原是昧於事物本末終始之先後也是以海甫定曰常人以衝動之的物似能振起快樂而遂以此爲快樂之情感者非也人之衝動必視其觀念而定易言之衝動者卽勉力以求達其觀念內容之謂人之飢也其衝動在於求食而非在得食以後之樂感他如慈善之衝動卽爲社會剔弊興利之衝動誘引之者爲現狀改良之觀念出沒於人想像之中者或爲事舉以後萬戸讙忭之感吾敢謂此衝動必非由於慈善家快樂之觀念目擊事業之改良而發生者也

八　當時之苦樂果爲動機乎　時或快樂論有以第二說解之者此言行爲之動機爲苦與樂而不爲苦樂之觀念或想像也苦樂之觀念有時亦能成爲行爲之動機則以苦之觀念其中有苦樂之觀念其中有樂故也約特 Jodl 之語曰情感之能左右意志者厥惟由記憶的想像初發生之情感而非情感之記憶或概念也今請答之如下

(一)以嚴義言之覺悟狀態中斷不能純爲情感情感雖爲覺悟中主要之要素而不得謂爲唯一之要素據輓近心理學家言捨情而外吾人尙有理解 Intellection 與決意

Conation 二事即普通所謂知與意是也然則吾人何可擇取覺悟要素之一而以爲唯一要素乎又何以擇此而去彼乎陋矣哉快樂心理學者之述吾人動作與意志之事也彼輩以爲人必先有若干的物或動作之觀念此觀念者不知如何自能引起苦樂之情感而由是苦樂之情感人之動作於焉定決是說也可謂陋而有未安者矣

(二)右所責難姑置不具論樂爲行爲唯一之動機一語所假定者有三事(a)足以引人之動作者厥惟情感(b)情感之中惟苦樂兩者足以引人之動作(c)吾人所有情感不外乎苦若樂三說之中無一而非牽臆之談

前既論之矣曰情感並非行爲或意志唯一之動機如吾覺悟之中所有情感不僅苦樂而已則其他情感可爲行爲之動機初何異於苦與樂乎吾人猶有義務之情感愛憎之情感疑信之情感以及怨怒忌憚等等情感無一不足以煽我之動作此諸情感者豈僅各觀念苦樂之表示乎若曰憎疑怨怒忌憚諸情中莫不有苦之感又歡愛信望諸情中莫不有樂之感是也然則諸情之容積不過如是而已乎曰非也凡各情感必有其特殊之性質例如畏憚之情感必不止未來的物之觀念加之以苦感而已又怒之情感亦不

止拂逆吾心之事之觀念。加之以苦感而已也。如反對者或問曰。苟無樂之引誘。汝亦將爲其事乎。吾將答之曰。然。吾爲之。吾當爲之。出。蓋吾之行一事也。往往非以吾愛之之故。乃以吾痛而疾之之故。如吾於試室見一生徒有欺師之舉而獲之。吾非樂爲其事也。於是報告之於校中主任。吾非樂爲其事也。於是爲之舉證以發其隱。吾非樂爲其事也。吾卒見其退學。吾亦非樂爲其事也。有時身患癭瘤。亦不得不就醫而受解割。同是理也。顧快樂派或曰。於斯時也。人既以盡其義務。復其健康爲念。樂亦在其中矣。曰。是或然。苦豈不同時隨之乎。快樂派曰。是也。顧於斯時以分量言。則樂超於苦也。雖然。此事未易言也。今欲計量樂若苦也實難。今且欲較比樂若苦。而斷言此事之樂實逾於彼事之苦。則尤難。不特是也。果使吾人確知樂多於苦焉。而於樂爲行爲之動機。則仍難得其證。蓋事或可有樂感以隨其後者。然而於此不可倒置其先後。而遂謂樂爲行爲之動機也。如曰。於吾動作之先。樂固爲吾所望。則前既論之矣。曰樂之觀念。必非動作唯一原動力也。

主張快樂說者。猶或置辯如下。其言曰。樂必爲吾行之動機。以事之足與我以苦感者。吾必不爲也然而吾人可駁之曰(一)吾人所擇之行往往有足以與我以苦感者亦未嘗知難而退也或曰吾今勉爲其難者蓋欲希冀未來多量之樂耳雖然此無稽之談也是說也必得其證而後可以成立惜猶無人得舉其證也(二)人皆避苦難而不爲假使斯言果確亦不得謂人必唯樂是求果爾是何異於秋夜望月游子思鄉之心彌切而遂謂使無秋月則彼必不思鄉乎人必有關於動脈之血而後可以思考然吾不當由是遂言是血乃思考之原動力也又人必飲食而後生顧飲食必非吾生之鵠的可斷言也

九　苦爲行爲之動機乎　快樂派之又一宗曰行爲之動機不在樂亦不在樂之觀念而在苦之情感是以叔本華有言曰吾人必各有所思有所求思之求之而勿獲則必隨之以苦感意志常欲使我免於苦痛故必促我之動作

夫吾人覺悟之中誠不能無苦感苦感亦能鼓吾之動作固夫人而知之者也如吾有痛牙者吾必勉就牙醫以求治又如吾厭湫隘喧囂之市居於是必欲游名山大川以暢其胸懷皆其例也雖然苦感亦非吾行爲唯一之動機人之飲食交與言議思維豈必以苦感爲之動機乎吾不之信吾以苦爲行爲動機之一且爲動機之有力者顧不得謂爲唯

一之動機也蓋人有衝動及欲望方二者之不能滿達也其度轉濃而烈於是有苦或痛之情感焉然而衝動與欲望往往發生於苦痛情感以先而非必隨苦痛情感以後者其實苦痛之情感有時不過表示濃度之衝動（卽心中急迫之情由內而外發者）而未嘗自樹一幟也苦感所表示者時或動發細胞迫切之度其勢力發達至於極點而不能自遏者時或軀體各部筋腱骨節之激動受腦部膨脹力之影響者時或二者兼而有之顧無論如何吾人於此苟謂如是苦感實爲激動或動作之原是不啻謂濃烈之衝動乃衝動之嚆矢迫切之欲望乃欲望之權輿也烏乎可

是以吾人可正言以告彼持是說者曰（一）如汝以苦感爲動作唯一之動機者誤也苦感之不能左右吾動作者往往有之（二）如汝所謂苦感者乃指與衝動相隨的迫切之情而言亦誤也蓋(a)如是情感並非吾行必有之動機(b)亦非發生於衝動以先而鼓我之動作者不過衝動發達至於極度之表示而已

十　苦樂果於不知不覺之間爲吾行爲之動機乎　輓近心理學莫不否認苦樂爲吾行爲唯一之動機不問苦樂之爲何體也人之擇其行也誠不必以苦樂或苦樂之預想爲

準的顧快樂派雖於是點已不欲多言而仍不願捨其理論之全體彼之言曰人之動作非惟於覺悟之中常視苦樂或苦樂之想像爲從違卽於不知不覺之間亦暗以苦樂或苦樂之想像爲標鵠是言於不知不覺之間苦樂實爲動作之動機吾人意志雖有所求而實不知所求爲何事世有富貴榮譽人各心焉求之求而獲之樂在其中然而人莫知其所以然也

雖然如是立說思既未密理亦未贍未足以息辯也蓋覺悟以外之狀態吾人實無術以求之吾且不知人苟失其知覺尚能有生乎哉方快樂派之以不知不覺之境爲言彼已入於純理學之範圍夫如是則心理學之問題一變而爲哲學之問題矣是以薛知微於其所著倫理學研究法 Methods of Ethics 有言曰今欲研究何爲動作之動機苟無覺悟爲之佐證則實無法以求之蓋覺悟以外之事否認之難疏證之亦難

今試就此概念以論之快樂派之言曰人所盲求樂而已矣人之動作實於不知不覺間爲苦樂或苦樂之想像所操縱然則其將何以證之彼快樂派能於覺悟以外求人心理之事乎抑彼所取以爲證者無非盲求之境果歟然則彼將曰樂爲盲求必至之果故於

不知不覺之間。樂。實。爲。行。爲。之。動。機。矣。雖。然。使彼前題果確。而其斷言亦未爲合。矧其前題。亦。未。當。耶。

吾人盲求之果。必爲樂耶。其誰。信。之。蓋吾人衝動之境果不一。運動也。感觸也。苦樂之情感也。衝動滿達之情也。觀念也等等。皆可。以。隨。衝。動。之。後。者。也。衝動既。達。必。能。隨。以。思。考。情。意。諸。要。素。今吾何以於三者之中。任擇其一。而遂謂於不知不覺之間。吾心實從之乎。

不特是也。情感之來。豈必爲樂。使吾惟富是求。吾之鵠的。當在金錢。而據快樂派之說。則吾真的。樂而已。矣。人能達其所欲。樂必從之。其然。豈。其。然。乎。人有稟性遴嗇。愛儲金錢。多多益善者。其意。能。常。滿。乎。

要之。快樂派說之於是點。絕無佐證。不過假定。以。下。諸。端。而。已。

(一)吾人心理。於不知不覺間。亦有。一。特。殊。之。狀。態。

(二)吾人。可。有。不。知。不。覺。之。苦。樂。或。苦。樂。之。想。像。

(三)吾人於不知不覺之間。苦樂。爲。動。作。唯。一。之。動。機。

(四)苦樂之爲動作之動機。推諸天下而皆準。俟諸百世。而。不。惑。者。也。

十一　快樂說所據心理學之誤點　吾敢正言而不畏人之辯難曰樂者必非吾人動作唯一之動機若謂吾人動作純視苦樂或苦樂之觀念爲從違是不知心理學者也以大較言之快樂派所據心理學之誤點則以左列概念之謬故也

（一）心理學家之持快樂說者嘗謂吾人所有情感非苦卽樂苦樂爲吾人唯一之情感然多數心理學家不韙其說以其說之絕無佐證故

（二）心理學家之持快樂說者不能明辨何者爲衝動及欲望何者爲苦樂之情感前既述之矣吾人覺悟之中忽明忽滅常有一運動觀念而此觀念者又輒隨之以激動或迫切之情感如是激動之爲感覺始則愉快終或變爲痛苦由是觀之人有於吾覺悟狀態中重視此類苦樂之感覺過甚則未免以苦或樂爲吾動作必有之前事矣但衝動之情與苦樂之情感斷不能視爲一事衝動之內容綦富不僅苦樂而止前已言之詳矣吾人生理上衝動之原因或爲由腦部外發之神經流或爲肌膚骨節運動於腦部所生之激動或則二者兼而有之可不問也今有一事吾人所當知者卽衝動之於腦部不僅含藏苦與樂而已

(三)快樂派之心理學者。又以意志之所謂是爲樂。意志之所謂非爲苦。蓋彼輩嘗見吾心判事之時。必有一情感之表示。此表示之式。必以苦樂爲限。雖然執意動作時吾人所有之覺悟狀態中。雖必有苦樂之存在。然苦樂必非此覺悟中惟一之要素。亦非其主要之要素也。

(四)快樂派之心理學者。又見動作之先。識認之要素常變而不定。情感之要素常定而不變。於是以情感爲動作必有之前事。且爲動作之動機。焉其謬點有二。彼輩以各種情感不外苦樂之表示。一也。動作以先。必有若干覺悟之形勢。彼即以是爲動作之動機。二也。

(五)彼快樂派心理學者。又以爲動作必有苦樂情感之相伴相隨。於是斷言苦樂必爲動作之動機。雖然吾亦言之矣。苦樂或爲動作之境果。顧境果與動機非一事也。

十二　羣衆之樂果爲吾行爲之動機乎　然而彼快樂派猶可易其辭以相辯曰。所謂快樂爲行爲之動機者。非一己之樂。乃羣衆之樂。即最大數之最大福也。是說之不根。與前說。毫無殊異。人之動作。果必以羣福爲其鵠的乎。抑羣福之觀念。必爲其動機乎。此絕無佐證者也。若謂人於不知不覺之間。莫不以羣福爲標鵠乎。則其說與所謂人各於不知不覺間以求一己之樂者。殆無攸異。

十三　快樂果爲凡百動作所欲達之鵠的乎　吾人斷言已如右述。樂或福爲人生之正鵠。或至善一說。如謂苦樂之情感。（不問其爲何式）實爲吾人行爲之動機。則必不能。成立。今試別解此說。而謂樂爲凡百動作之鵠的。或意趣易言之。人生莫不有樂之感覺。而思所以達其樂。即爲人生之志向。果何如乎。

欲釋此疑。其首要難題。即凡百行爲之境果。必爲樂歟。是也。吾人於此必欲得其佐證者有二事。樂不徒爲行爲終果之一。而且爲其唯一之終果。一也。天所賜於有生之物。莫不樂逾於苦。二也。亞里士多德嘗曰。合度守常之動作。必隨以樂。而放闢邪恥之動作。則隨以苦。斯賓塞亦詔世人曰。動作之有害於機體者。必與苦相連。動作之足以致機體之健康者。必與樂相近。白恩亦曰。苦樂之狀態。所以表示活力功用消長之機者也。總之諸子所言。其辭雖殊。其旨不過如是。樂者益行之桓表。苦者損行之徵候。所謂損益之行者。或及於己若羣機體之全。或僅及於小己機體之一。其理一也。

是說也。不能無疵。但今以辯論之故。姑取之以爲假定之辭。吾人於此所假定者。卽動作之有益於機體者。必隨以樂。動作之有損於機體者。必隨以苦是也。然則是言也。果能爲有生莫不以樂爲鵠的之證乎。所謂鵠的。殆有二義。吾人嘗謂視爲目之鵠的。或意趣。此其一也。又謂造物或上界之智靈。嘗以樂爲有生之標鵠。此其二也。今取任何一義以言之。樂果必爲有生之鵠的乎。

方吾人之言鵠的也。吾或僅謂所得之終果。或謂一生必有所蘄嚮而已。是以吾人輒曰。官體常能表示一意趣。目爲一有意趣的機體。以其能守厥職而效其用於各生物也。故目有其鵠的存焉。

今就此義言之。樂果爲人生之鵠的乎。曰非也。樂若福爲人生一終果。爲人生終果之一而已。然則吾人何能謂爲至高之鵠的。豈人生其他諸要素或功用。不過達此鵠的之階梯乎哉。吾今可言曰。心理中之辨悟想像思考及意志等等。莫不爲樂之階梯。吾豈不能謂樂亦爲其他心理諸要素之階梯乎。今謂樂爲吾生最後之鵠的。其佐證何在。彼快樂派所爲。直任取心理要素之一。而乃以爲達此要素。卽爲吾人之鵠的。其餘諸要素。不過達此鵠的之階梯。吾誠百思不得其故。彼輩所爲。不啻以世人莫不有視官。而遂謂視乃吾人最後之鵠的也。然則吾人若謂全體生活之爲鵠的。當視一官一體之鵠的爲重。凡百官能之鵠的不過爲全體鵠的之階梯。其立說豈不較允。吾人若謂人生鵠的不在心理之一部。（此一部者。斷不能與彼各部脫其關係而獨立）而在心理之全體。其立說豈不更允。夫快樂派不此之思。而乃謂吾身百官。吾心萬事。莫不伏居樂之下而爲之階梯。天下寧有是理耶。充其以偏概全之義。是何異於謂吾身百體。皆爲視官之從屬。視即爲吾生之鵠的耶。今試變反其說。而謂視爲吾生功用之一。苦與樂亦爲攝身之功用。豈不較爲近理。

十四　苦樂於攝生之功用　今夫苦之作用。一警誡之作用也。樂之作用。一誘引之作用也。禽獸感覺苦痛之時。常知抗而禦之。洎爾生云。苦樂者。當爲福禍知識之初形。人當履尾乘危之際。苦感之生。至易易也。凡與危物之接觸爲直。其苦之感覺常大。與危物之接觸爲間。其苦之感覺常小。視與聽。皆間接之接觸也。

方機體生活之演進。由麤而精也。（自下等動物以至於人。或自下等機體以至高等機體）苦樂之功用。可漸隱而不見。蓋下等動物之機體。至為簡陋。故其與他物之接觸。苟不密切。遂不能生覺感。亦不能知所以禦之。此等動物攝生之助。卽彼與他物直接之觸覺。以及其苦樂之情感是也。雖然久而久之。動物之機體。漸臻複雜。於是彼可不恃密切之接觸。而能察知危險之所在。視聽嘗嗅之官體日益進。動物察覺異類之距離日益遙。於是彼苦樂之發生亦日益微。

此事實也。苟欲疏解之者。則當知苦樂之情感。不過攝生之作用。攝生則有生之鵠的也。今更以記憶之職守言之。其順序。將毋同。生物之初。所有感覺。莫不以苦樂為本。而後能告以外界之安危。並糾正其對此外物之動作。然而彼生物之有記憶力（卽言積儲經驗之力）者。類能不俟苦樂情感之撩撥。而漸知所以自動焉。久之外物之一形一影。忽臨於前。卽能使之迴想曩昔經驗中之苦樂。於是可不受苦樂之激刺。而物來順應。綽綽然有餘力矣。由是知彼生物之能立辨禍福。而不俟當時苦樂直接之撩撥者。以其時所有感覺。可與事物之觀念相連。至彼生物能由是以攝其生者。則以其曩昔有益之動作。如是觀念能呼之回也。其實感覺之物。亦能常喚起適宜之動作。而無俟第三要素之像入一鷹之至雞忽遇之未有不駭極而逃者如是動作與感覺之響應必非一朝一夕之故而必由於彼族累世之經驗又使有一騾焉前此曾覆於懸崖之下今之絕壁重逢必能引起其曩昔之經驗而使之踟躕而不敢進是則由於一己之經驗也觀於此二事則知危物臨於前憎惡之情感輒起而此情感者又輒能隨之以動作之取捨者也

右所述者物而已矣以言乎人則諸事而外又有抽象之理想此言人能離物之體而言其質終且得事理之會通是也於是爲醫者輒能由人身之徵候而得其病狀而定鍼砭之方爲將者亦能推知敵陣之虛實而謀所以釋堅而攻隱以滅此朝食者矣

由是觀之於淺演之生物苦樂情感爲攝生動作之朕實顯而易見久之如是要素可漸歸隱伏而代以他朕於是感覺與觀念可與苦樂之情感相連而此情感則又能喚起若干適合之動作又於是感覺與觀念可直接與動作相應是卽動作之由稟性習慣或觀念運動者也

今請約舉其要旨於此事之有利或有害於吾生者常以苦樂爲其朕時或苦樂之觀念或預想時或其他觀念亦足以表示之然則苦樂當爲指導意志之階梯所以輔助意志

以攝養或羣或獨之生者也。時爲攝生之事。可不恃苦樂之助。而可代以他助。由是知樂者不過意志作用之一。而非其唯一之鵠的。今謂吾人以發育生命爲盲求。而苦樂則爲其指導之一則可。若謂生命爲階梯。而樂爲鵠的。則不可。蓋生爲大而樂爲小。生爲全而樂爲分。全不當爲分之階梯。而分不當爲全之鵠的也。

十五　生理上之苦樂　今更以生理學研究此事。即述苦樂於生理上之狀態是也。官體之動作苟有其節制。則樂感隨之。當其忽遇暴烈之刺激。則未有不卹然駭者。而苦感生焉。閃鑠之光。迅急之聲。皆所以使人瞿然不安於心者也。時或感覺之過鈍。亦足以致苦感之發生。雖然斯時也。則以吾勉力求之之故。用力愈勤。苦感亦愈濃。其爲順序。吾可約略舉之。當官體動作過度。或受刺激過烈之時。其流之來往於各外皮質（腦及內腎均有之）中樞者。實足以消滅其神經之髓。即細胞是也。細胞中所蓄之力。於是均爲用盡。但血液必能注以補養之質。以復其元。各中樞之勢力。失而復得。若其速也。樂感遂生。若其遲也。苦感必起。方神經全體之受激刺而動也。週身血液必趨赴活動各部。以補復其用竭之精力。動脈之管。於焉膨脹。此所以樂感之後。必能隨以脈管及呼吸諸變遷也。然而時或神經之作用過烈。所損之精力。血液不足以充補之。則苦痛生焉。細胞之分裂。其影響必達於動脈之管。於是供不足以濟求。而脈管等遂著縮斂之形。夫如是則軀體之痛苦必甚。而眩暈欲絕。不省人事者有之矣。

樂爲人生鵠的一語。今以生理學之辭達之。是不啻謂吾身四肢百體之作用無他。不過使神經精力有增而無減也。是言之不衷其理明甚。吾人所欲言者不外。如是生理狀態之符於樂者。不過一徵候。以示全身動作之合宜。一也。全身之健康發育。當爲吾人鵠的。而欲達此鵠的。則當求神經統系以及其他各統系之動作合其度。二也。

十六　快樂論與純理學　今若謂有生最高之的在樂。是爲天之意。是爲自然之理。則其逞情率臆。尤盛於前。蓋此說之不能成立。除右述理由以外。又加以純理學上之困難焉。吾人必欲得其證者。蓋有數事。（一）有生之物。必欲達其鵠的。（二）生物之鵠的在樂。（三）樂爲有生之鵠的。乃天之意。或自然之理。（四）萬事萬物。莫不爲達此鵠的之階梯。純理學家之持快樂論者。必將爲我得其證焉。曰造物之創世。其主旨在使萬物各得其所。卽各得其樂。或竊然而未易言也。廣宇悠宙之間。生存競爭之際。萬物之淘汰於天演者。誠不知其凡幾。死者常衆。生者常寡。惟彼生者始能應世之求而無恐。如謂上天創世。卽爲蒼生造福。然而世人往往用力多而成功少。必俟艱苦備嘗而後能達安樂之境。果何故歟。

十七　樂果爲道德之標準乎　或曰。人於覺悟之中。或於不知不覺之間。雖不以樂爲鵠的。然而人當惟樂是求也。吾試問其故焉。今謂人當惟此是求者。蓋有二義。(一)謂人欲達何等鵠的。必以何等事物爲之階梯。或作用。(二)謂人必毅然決然以行某事。前者爲相對之義。後者爲絕對之義。今若取前義以解人當惟樂是求一語。則樂以外。必猶有一鵠的在。樂固非吾人最後之鵠的。今若據第二義以解是語。以爲人必惟樂是求。則是武斷。或無稽之談也。若曰。人當惟樂是求一語。乃感情之表示。自不能有學理以爲之佐證。然則世人之情好。果必欲犧牲一切以求樂。或羅致一切以爲樂。以爲人當如是。而不當別有他求歟。

第九章　至善論

一　何爲吾人之正鵠或志向　前章所反覆說明者。卽任取何義。吾人之正鵠。決非快樂。

是也今試答何爲吾人之正鵠一問題於此所謂正鵠者若指行爲之動機而言則吾人答辭必非一言所能盡蓋凡一觀念莫不有衝動之力卽凡一覺悟狀態莫不爲動作之權輿總之覺悟者卽吾人之動機也今若謂吾人都有其熟思審慮必欲一達之終境是卽謂之正鵠則吾人敢正言曰人類之動作並無一深察明辨之正鵠爲之指導也吾人立身之宗旨未必若是之正確吾人生於世未必先立一堅確不拔之志而後不動則已動則必達其志而後已個人也羣族也或各有所抱之理想但此理想之發生大都於不知不覺之間者也

雖然天下有生之物莫不有其特殊之生活方其生也亦莫不欲達其一生之鵠的如熊之走於林必捕他獸以爲食爲熊母者則能哺其幼稚與人無異此可見熊之鵠的在自保以保其羣彰彰明也至於爲熊者何以必抱此鵠的則固莫之知也

動物如是唯人亦然人之生也必思動作顧動作最後之影響人莫知之也人之愛動作也非爲動作最後之善乃爲動作之所以爲動作及動作之近果而已人有施惠於人者以其愛若是之行耳彼實未嘗終身以造福蒼生爲懷不達其鵠的不止人之讀書者以

讀書爲樂而已。初未嘗以闡曜人文爲己任。而後。從。事。於。詩。書。也。

今夫人有不同。其。志。向。亦。不。同。（所謂志向者。實指吾心衝動之傾向而言。吾或知之而後由之。吾或由之而莫知之。可。不。問。也。）不特是也。同一人也。時有不同。則其志向亦可。不。同。甚或同一人也。同一時也。其志向亦。有。不。同。者。且此志向於各人覺悟之中。有此強而彼弱者。有此隱而彼顯者。亦未可。一。概。論。也。

集合之團體如民族者。亦可有其集合之殊欲或志向。與。一。己。無。以。異。也。民族不同。其志向亦不同。時代不同。則同一民族之志向。亦。可。不。同。宗教也。哲學也。詩文也。美術也。科學也。政治也。道德也。皆所以表示民族之精。神。或。志。向。者。也。古。時。猶太人與斯達巴人。其精神。迥。殊。同一羅馬國也。共和之羅馬與帝制之羅馬。其風尙即背道而馳。今日歐美各民族之思想。與彼祖若宗中古之思想。亦。不。可。同。日。而。語。矣。

二　人生之志向　如上所述。則何爲吾人所必欲達之至善或志向。實。不。易。言。也。吾。人。所能。概。言。者。卽。人之生也。莫。不。欲。求。所以爲。人。人有其特殊之衝動願望及志向。人且必欲展。施。其。才。能。者。也。泡爾生曰。有生之物之職志。卽充。發。其。性。之。所。固。有。是。也。人生之志向。

亦不外乎是方其欲飲食男女休養生息也亦欲求其所以爲人而已詹美士亦曰人有物質之我社會之我以及精神之我且有一我卽有一我之情感與慾望以自立而立人自達而達人

於是吾人可統舉而言曰人所欲者卽一己軀體精神之保存及發達是也人莫不欲有所知有所覺有所志且有所爲哲學家有以知(推理)爲吾人之鵠的者有以情(快樂)者亦有以動作者哲學者亦有勸世人棄其物質之觀念而從事於精神之業是卽宗教與道德之業也雖然吾人於此當棄其偏而言其全吾人則曰人以求生及一生之發展爲的所謂生者非一官一能之謂(如思考感覺及執意是)乃吾身衆能之發展以適於生存競爭之謂也是以吾人之鵠的在求身心發展之調和以大體爲主以小體爲從於是本末並顧內外咸宜終成完人

雖然右節所謂一生之發展僅一統括空廓之辭至於吾生之內容當視吾人之踐履如何耳且人之一生爲運動爲行爲爲才能之發展是以吾人之鵠的亦當變而不定而吾道亦終止無境也讀歷史與人類學則知吾人之理想變化無已時吾人官能之發展常

由粗而精。於是社會之演進。亦由簡而繁。又吾人之所思考。常近而非遠。常集於目前之問題而罕有涉及旣往及未來者。今日之事苟未竟。吾人卽不知明日事。由是觀之。自古迄今。吾人之事業。莫非枝枝節節而爲之。今欲描想吾人至善之完影。不可得也。

三　唯我論與唯人論　前旣言之矣。吾人最後之所求。卽至善。乃吾生之保存及發達是也。然則所謂生者究爲一己之生乎。抑吾族類之生乎。前人所答。迥乎有不同者。有以至善爲一己之至善者。是爲唯我論。有以至善爲族類之至善者。是爲唯人論。是二說也。果孰是而孰非。

今請納此問題於以下二公式。(a)人之行爲所致之終果爲何。(b)行爲之動機爲何。

四　行爲之終果　以大概言之。人之行爲足以利己者。亦必足以利羣也。人之動機可不問。而其行爲影響所及非徒一己。而又及羣。處文化演進之邦。人與人之關係日益密。則行爲影響所及亦日益廣。人能自衛其生。不問其動機爲何。而人之得其益亦非淺鮮。反言之。人能致意於公共之衛生。則彼由是而自衛其生者。又豈淺鮮。又事之利於家者必利於其身。利於身者亦必利其家。社會之於個人亦然。若謂私德之中。有純以爲我爲職志者非通論也經商者以信實爲要此非商賈接世之義務宜然卽欲謀一已利市三倍者亦當如是英諺有曰信爲至善之策又曰貨悖而入者亦悖而出又曰不義之財難爲利諸如此類皆所以證實公私兩利乃爲眞利也由是知國民者非與社會無關係而不過社會全體之一旣爲其一則無時不足以影響其全亦無時不可以蒙其全之影響

總之以動作之終果言動作不當有人我之分公私之別也動作之旣利於羣又利於己者吾人可謂之天演之境果何則人或有謀己之利而侵其羣之利者亦或有殉其身以利羣者皆必爲天演所淘汰其生存者則其行爲之旣足以利羣又足以利己者也旣生存矣且又遞授於厥子若孫此天演之功也至其遞授之術或由遺傳或由教育或二者兼而有之

五　行爲之動機　或者曰行爲之類別當以其動機之公私爲準其動機之爲我者可謂之私行其動機之爲人者可謂之公行或且曰天下實無公行行之公者其動機亦未始不由於私

是以霍布士有言曰凡人莫不思明哲以保身莫不思所以利其己其或能愛人者以愛

人者人恒愛之耳雖然人苟惟以利己爲主義而不知其他則利己之鵠的終不能達故善爲己謀者亦必思所以利人於是乎吾人始有公德

孟特徵 Mandeville 曰凡百行爲（德行亦在其內）之動機誇與私而已矣索匪脫布利以爲人莫不有博愛之心者非也好私而惡公人之性也其有愛羣者有所畏也非愛也博施濟衆之功業無不造端於驕誇私利之心者蓋好大喜功妬賢疾能之情所以撩撥吾人之貪念者亦所以促迫其濟世之勳績者也若彼救世之人眞以愛衆克己爲職志者實寥寥無幾焉今謂社會之福全恃少數國民之惡行疇曰不然

黑爾凡剎亦曰吾人衝動之源一而已矣其一維何曰自愛自愛者吾人一切欲望及情感之源也其餘諸稟則莫非學而知之者道德之業即在導誘世人使之求一己之利於公利之中而已德行之動機無非吾人釣名沽譽之念道德苟有不利於己者則世無道德可也

六　評唯我論　右所云云非通論也今謂吾人行爲之動機無非一己之保存及發達可謂謬矣且謂吾行之動機無非自私與自利者蓋有二義試分析論之於下

（一）主張唯我論者嘗曰吾人不有動作則已動則於其事之有利於己必已深知而灼見是言也吾疑之吾重疑之其實吾人行事之動機往往無人我之可言以其於所行事之影響若何初未盡知也若見有生之物所有動作往往有利於彼自身遂謂有生之物不動則已動則必有自私自利之意向者未爲當也譬諸貓之逐鼠非爲貓也爲鼠也其逐鼠也實爲逐鼠之故初非有自利之心心理學家詹美士嘗曰吾人致意於一事也必有一種之情感與動作此情感也實爲思考此事所激發而此動作則爲情感所撩撥是以有生之物族類不同則其所致意之捕物之讐敵之配偶之幼稚各有不同彼之致意於此諸事也非有所貪也不期然而然也人有謂吾爲自私自利者彼僅述吾行爲之表耳而其裏（卽吾何以致意於此而發生動作）則未之見也吾或以自私自利之故取人之衣而衣奪人之食而食然而斯時吾所眞愛者無他衣之美食之甘而已吾人之愛衣食一如母之愛其子豪傑之愛其忠義皆不期然而然者也是以自私自利者於此不過吾人若干有所激刺而動之通名而已天下事有能使我不得不動情者亦有使我不得不發生利己之行者今使有人製一自動機爲效人之行無稍異則其爲自私自利也亦

與吾人將毋同。或曰吾人之動作。豈若是之無意識乎。吾人豈無思想者乎。詎知吾人之思想亦與動作同。亦可爲外誘所操縱。而莫知其所以然者。其實人之利己愈著者。其思想之爲客觀事物所誘致者亦愈甚。內自省察之功亦愈薄。彼小兒之不知存養省察者。必爲利己之尤。

(二)主張唯我論者又有第二說焉。曰人之動作。雖非必以利己爲動機。而動作無有不利於己者。是說也亦未盡確。人之動作。非必純乎利己者也。有生之物之動作。往往不徒有利於己。而且有利於其族類。禽獸與人莫不如是。前已言之矣。由是觀之。吾人之動作及欲望。未必純以一己爲鵠者也。

(三)今若謂吾人但知爲己。則亦可謂吾人徒知爲人。二說皆非也。其實人之所以爲人也。謂之無公無私可。謂之亦公亦私亦未嘗不可。父母之於子女。都能撫育周至。不憚煩勞。可謂公矣。勇士之執戈衛國。馬革裹尸。其利己之心安在。然則吾行之終果。既能公私兩利。則吾行之動機。豈不能人我一律。所以人之所欲。不唯一身之修。而且望家之齊。國之治。天下之平者也。人生於世。非盡爲我。可以知矣。謙謨曰。今世之人。縱曰豺狼性成。然

亦必有一線之仁光一脈之義氣充於吾心以待機而發也吾人善念雖薄善力雖微雖不足以促吾積極以利羣亦未嘗不能使吾消極不爲害羣之事

蓋人之天職非徒謀一己之生抑亦謀衆生之生是以人之志向非徒在一己之保存抑且欲保存其族類然而人於一己之行爲或知其功利所在以求達其所志或雖由其道而莫明其所以者此自然之妙用所以若隱若露也

七 利己與善羣

然則吾人利己之動機豈不視善羣之志向爲强乎曰是也此固不能爲諱而亦毋庸爲諱者也蓋欲利其羣必求自利謀人者終不若自謀之善也雖然前已言之吾人自利之行爲未必不爲羣之利且彼功業滿天下者亦往往由於利己心之作用然而人果偏於私者未始不足以害公彼逞情率臆乘便營私之徒蹂躪公益也必多吾人道德之情油然而生者卽所以防其弊而遏其流也是以道德之生生於爭甲苟與乙爭則非徒招乙之怨抑亦致世人之不平道德之訓條世人疾惡黜邪之情之積也久而久之道德之情感植基日固爲力日厚保種善羣胥賴於是由是觀之人苟無所爭者則道德無由發生可也道德之精意卽在擁護羣之福利而不爲自私自利者所侵奪與

剝削耳。

八　道德之意嚮與道德之動作　由上所述。以行爲之動機及行爲之終果言。人固非純然爲我亦非純然爲人者也今更問人當若何感覺而後爲道德人亦當若何動作而後爲道德乎

（一）叔本華曰。行爲苟非以博愛爲其動機者。必無道德之價值行爲之有利於己者。必不能謂之德行費希端亦曰吾人之德行惟一。卽克己是邪行亦惟一。卽利己是也人之思想苟稍涉乎自私自利者。卽爲至卑極陋。而爲吾人所不齒。

自吾人視之此乃一曲之見也世人之所謂道德之行者豈必摩頂放踵以利天下之類。乎吾人知其不然也前已言之矣吾人評判世人之行也當自其主觀言之亦當自其客觀言之行爲有以客觀之善爲善者其主觀之動機爲何可不問也且吾人之動機至爲複雜從未有純然爲我者亦未有純然爲人者爲人爲己實混而不可分者也又人之動作雖或以利己爲主義亦未必其爲不道德也

雖然人若果有純乎爲我拔一毛而利天下不爲者則吾人將視爲喪心病狂或目爲世

上崎零之人屏諸遠方終身不齒可也人之利己心過甚則其爲害於社會必大是以道德之所致意者卽世人不當徒有利己之心而必加以愛羣之心是也顧吾人亦當知以下數事(a)利己之心苟與善羣之心未嘗有所牴牾則不當謂爲不道德(b)利己之心苟能致善果者且必爲道德所贊許(c)世人苟無利己之心善羣之業或以是而衰歇則人無利己心者且必爲世所詬病此自殺之徒不知自愛者所以冒天下之不韙也

(二)哲學家如史端男 Stirner 如尼采 Nietzsche 之徒則以爲利己之心人羣進化之本也其言曰人惟患其不利己而不患其有利己之心人當各展其才力以爲天下先自私自利者人生之天職而大慈大悲者惟懦弱者以爲德耳勢力者人之所欲人能培植其勢增進其力世莫有以爲非者懦弱者天所討人所誅天下者強有力之天下怯弱者之爲奴理所當然也尼采曰、耶教之徒實與無政府黨同科以其一本慈悲之心以阻國民之進步故也輓近倡進化論者其論調幾與此相似其言曰生存競爭乃歷史中不遁之事實勝者爲優敗者爲劣是惟適者足以生存今苟欲汰弱以留強者非有此競爭不可然而吾人博愛之心則足以保存一羣之病弱頑魯而阻其羣之進步人羣之由弱而

強由野而文必自人人能縱其私欲始

吾人答之曰人羣之由夷而夏以其有博愛之心協助之事故也人生而有好羣之性故能通力合作以戰勝其他有生之物所謂合則與分則敗也使人初無合羣之念愛人之心者則吾人社會當早已瓦解

博愛與協助必爲人羣之利如不然則博愛與協助自古迄今必已徐徐焉自行消滅可也然而吾人以爲世界親愛之情且有加而無已焉若夫極端之博愛固爲危機然極端之爲我亦何獨不然其實吾人今日博愛之情不得謂之善爲我之情亦不得謂之惡以二者之調劑咸宜莫不有其自然之理存焉又若無意識之博愛固足以害羣而有餘吾人去之惟恐其不速然而無意識之爲我其爲害也豈不相等是以威廉與泡爾生等亦與吾人意見相符以爲人類歷史最著之迹象即人我公私之見漸歸調和是也方人羣之演進也羣之有助於己者日益著而己之所貢獻於其羣者亦日益多唯我主義之利斯賓塞等已詳言之而不知唯人或博愛主義之爲利愈大吾人安得不一言之博愛主義之實施不外乎協力而合作不有協合吾人必不能享今世之福利不有協合社會必

不能臻今日之文化世人之樂倏薄如浮雲惟博愛之樂其樂乃久乃大君子能憂人之憂樂人之樂故其一生方有價値方有意趣不特是也吾人惟有合衆愛羣之能與情感動作之協合故爲萬物之靈三才之一

(三)今且專就行爲而言而不問行爲之動機方人之擇行吾人果必望其摩頂放踵毁家捨身以濟世人不急之困乎易言之人必捨其利之重者而救他人於害之輕者而後可以爲道德之士乎吾不信也吾必犧牲一己之安適以謀全家之康寧理所當然也然吾安可忍艱茹苦槁項黃馘以爲妻子謀意外之福利耶又吾若效勇疆場以衛國理所當然也然吾何必犧牲一身以爲貴婦救其寵愛之犬者又吾若能節衣儉食以備濟人之急救人之難亦道德所贊許之事然吾人何必弁髦一己之康健與教育以爲社會養其惰而長其不肖乎

總而言之道德之所望於人者愛人是也方危急之頃人必有聞難奔赴捨身救衆之心而後可雖然人未有不自愛者人亦未有不自愛而能愛人者吾人敢正言曰人當自愛以愛其家其鄰其邑其國以及世界之人類易言之人之愛當有由內及外之差等推親

及疎之次第而不當視他人之父母家國一若己之父母家國也故諺有之曰不忍人之政當自家庭始謙謨曰吾人一家之私愛當在世人之汎愛以上此自然之理也非然者吾人所施之愛一如滄海一塵迷離若失而已是故建功於異域者功雖大人之視之如浮雲轉不若市私恩小腆於鄉里者親朋之笑容可掬也

九　生物學與至善　吾人苟將生物生長之理而一研究之則亦可由是而灼知道德鵠的進化之趨勢焉最下動物之爲生不過求其食避其所畏懼而已心理之事卽或有之至單簡也久之動物之知識漸以發展人倫夫婦之事起而羣治文化日以闡明至於人則不啻造峯極巔矣人之聰明既啓既發遂以口腹小體爲末心志大體爲本情好爲後性理爲先利己爲我之情日以輕合羣博愛之念日以重是卽精神之我日以膨脹而物質之我日以縮減也今之人於所謂小體之欲固未嘗遏之而且遂之一如吾人之鵠的也者顧吾人之養其小體並非始終以小體爲鵠的不過以此爲作用以達高尚或最後之鵠的而已最後之鵠的維何曰大體之發展是也己之於羣亦猶是也一己之修養既可視爲鵠的又可視爲達吾人最後鵠的之作用於此所謂最後鵠的者羣治之發達也

易言之己之於羣既可視爲物之全又可視爲物之分由是以推則凡有機體之與其各部分其關係亦無以異於是是以心也腦也手足也耳目也諸如此類皆所以達吾人鵠的之作用其鵠的乃人身之安全也然而四肢百體亦爲吾體之一故亦必求其安全而後可吾身之安全由於四肢百體之安全而四肢百體之安全亦由於吾身之安全有機體之爲完滿者其各部分必能調劑適宜以共達其公同之的以故部分者所以達公同鵠的之作用(視察爲作用)而亦可自爲鵠的者也(視察亦爲鵠的)箇人與羣族之關係亦若是卽箇人既可爲達其鵠的之作用亦不妨以鵠的自視可也

吾人可正言曰歷史之趨勢卽精神之事業將日益發達羣與己之關係亦將日益顯著是也是卽言吾人德智兩育將日以演進身心兩界自然之運用亦將日以發明而羣之中人與人之衝突寰宇之內羣與羣之戰爭則將日以減少

十　道德與至善　如右所述吾人之至善或正鵠乃羣與己之保存及發達是也是卽言人之於世莫不欲求一己以及其所親愛之福利初吾人親愛之衝動爲力既弱所及亦狹不過家族之中或區區部落以內爲兄弟耳方人羣之演進也好羣之情感日旣發達

於是博愛之宅於吾心者日以深。而其所運用也亦日以廣。宗教者所以表示吾人之概念者也。故觀乎宗教之改進。則可知國民親愛之範圍實有日自擴充之概。此所以吾人宗教。莫不昉於家庭。繼則包容漸大。終且以天下爲一家矣。近紀歐美民胞物與之情之發達。實爲前古所未有。於何證之。證之於萬國平和會議之設一也。國際交涉往往聽諸萬國之裁斷。二也。戰鬭術之取締。三也。社會主義之提倡。四也。醫院及各項慈善事業之發達。五也。集合會社以反對虐待禽獸之舉。六也。諸如此類。不勝枚舉。總而言之。吾人之愛。今日不惟施之於己身。於一己之家國。而並推及於萬國。

雖然。若謂吾人意嚮與動作。絕無人我之爭。今猶非其時也。天下見利忘義。假公濟私之事。仍比比皆是。顧彼自私自利之徒。往往召戎致寇。不唯受侮者立將肆其抨擊。即旁觀者亦將視爲無道。於是市有規。鄉有約。若者可行。若者不可行。一一準諸國民道德之情感。而道德律由是濫觴矣。由是觀之。道德之發達。所以達吾人之至善。或始終不變之欲望者也。如吾人不必恃道德律而能達其至善。則天下無道德律可也。律法之設。所以懲此而勸彼。亦所以治患於已然者也。患之已發而後歐以法令。故違法之舉。即所以助國

家之立法

今吾人所欲言道德之第一要義卽道德者不過所以達吾人正鵠之作用是也以大概言之道典所載不過規律之足以助吾人以達其正鵠或至善者耳其有足以障我蔽我使我不得由義之路入德之門以達乎至善者道德必鋤而薙之顧道德之志尙不足以表吾人志尙之全也道德之行爲亦非吾人行爲之全也人之事業及志尙視道德爲尤大道德之準的不足以統括吾人終身之準的也人無道德固不能達吾所欲然道明德立以後卽謂吾業已畢猶未當也例如吾人必守衞生之律而後可以達吾養生之鵠的然養生之事不過吾人鵠的之一而非其全

若夫道德之第二要義則道德者所以謀羣己之安寧又使二者之進行不相違而相合也貪叨凶淫非惟足以自戕抑亦足以戕羣故道德不之許忠信篤敬既利於己又利於人故雖蠻貊之邦行矣

如前說爲不謬則道德之爲道德可以知矣使吾人之志尙（卽至善）爲體道德爲用則道德之觀念必視吾人志尙爲轉移志尙有變遷則道德律亦必隨之而變遷今夫志尙

者。變遷無定。進化不已者也。前已言之矣。時代有不同。民族有不同。則其風尚或右文。或崇武。或取狹利主義。或抱博愛觀念。亦有不同。右文者以謹馴爲道德。崇武者以剛勇爲道德。取狹利主義者。以自信爲道德。抱博愛觀念者。則以慈悲爲道德。時或國民之風尚。爲厭世。爲寡欲。則凡今人所醉心之物質文明。皆可翫也。時或國民之風尚以政治爲中心。則凡爲國民者。皆必以談政論法爲天職。又時或以經驗淺薄之故。種人之見至狹。（有史之初往往如是） 則其道德之約束。大都限於區區族部。捨是以外。不論人道可也。是以希臘人莫不視異族爲蠻夷。爲仇敵。古時猶太人亦自視爲天之選民。而藐視他族。雖然。一國所有道德之經典。往往與其國民一時之風尚。不能符合。而且有牴觸者。亦歷史中數見。不鮮之事也。果爾。則新舊之戰爭。決不能免。其篤舊者常喜抱殘守缺。因陋就簡。而不求適於時。趨新者往往又操之過急。必達其所欲而後已。其實新陳代謝。自然之理。一國之道德。終必與多數國民之志尚趨於一途也。

卽使國民之風尚不變。而國內之情事仍不得不變。以致舊道德非惟不適。抑且有害於其時。而新道德之發生。實爲必要。然而吾人莫不囿於習慣。而憚於改革者也。是以道德

有不適於今日者而亦強仍其舊至其本意則固已淹沒而不復存矣

顧道德亦有堅確不拔始終不變而不視風尙爲轉移者此道德之大原也道之大原出於天天不變道亦不變者也社會之中流行者爲詐僞殘殺之事則其社會必不能壽而康卽盜賊之社會苟欲通力而合作亦必遵守若干道德之規約社會之以求死爲的者固不當講求名分以及忠義貞直諸德此諸德者生之本也

十一　結論

吾人之結論當如下所謂至善者卽世界人類之所必求求而弗獲弗已者也民族不同時代不同其社會內外之情勢亦可不同故吾人所求之至善亦無有同者是以至善之內容吾人不能道其詳吾人所能爲者卽歷考各族各時之風尙而辨其異同求其原理或公式之所在如是而已如是公式自不能剴切而詳明初不過表示吾人所求之概略吾人之所求卽羣己身心之壽康以適於生存競爭是也人羣創制之規條凡所以達其至善者皆謂之道德律可也是以道德爲達吾人鵠的之作用，一若律法之爲作用焉

夫由是而得之道德知識於吾人窮理集義之業豈曰小補之哉蓋必具此知識而後可

以論人之行，庶無大過，且可由是以評察世人之所行，能否達其心之所蘄（至善）。苟吾人欲達其所蘄者，何者爲其當持之行，何者爲其當由之道，學者亦庶能僂指計之，此則實踐倫理學者之所當從事也。

第十章　樂觀與悲觀

一　敍言

前已言之矣，曰人生之鵠的（至善），即吾人官能之發展是也。夫人生於世，既必以發達一完滿健全之身心爲惟一之的，則其以是生爲有價値也，可知人世頗不惡，是之謂樂觀主義。

顧學者亦都有持異說者，以爲此人間世者，罪惡充盈，絕無善狀，舉世皆濁而我獨清，果何爲者，此乃悲觀主義也。

世之懷悲觀思想者，亦可分爲兩派，其一爲主觀或非科學之悲觀，此不過由一人之感覺或態度而言，以爲世事可憎者多而可愛者少，而不問其說之有無佐證者也。其二爲客觀或科學之悲觀，則欲以科學法術，證實大都國民之生活，爲無價値，貪生惡死，實無理由焉。今將依次述之。

二　主觀之悲觀主義　倍根嘗曰人生如泡影耳自襁褓以至邱墓所經過者無非憂勤與惕厲莎士比亞亦謂甚矣憊世界之生活也今日之世界不啻一荒榛未闢之邱園惟強暴得享其權利而已是皆詩人騷士偶爾感慨之辭人而有之時而有之未足以爲奇也蓋人當不得志之時往往有輟飯而嗟拊髀而嘆氣於邑而不可止者亦其宜也然使此種思想流傳國中危莫大焉苟夫人以此生爲無聊爲無價值則人倫道德之事可以棄而不講矣

三　客觀之悲觀主義　今有科學家或哲學家焉宣言於衆曰人生之虛幻一如曇花泡影又曰人之生也與憂俱生壽者惛惛久憂不死何之苦也(此譯者用莊子語)如是則非感慨之辭乃理論之談必俟證實而後可以論定者也自吾人視之人生無福理由何在彼厭世者斷不能得其佐證悲觀樂觀二者不可得兼則哲學家當以樂觀爲近理

彼持悲觀說者嘗好辯曰人生無福幸以終不能達其所蘄之故所蘄維何曰至善是也人既於此生不能獲其所求則其佯狂避世也亦宜

然則吾人之至善爲何今以答是問題者其說不同故悲觀主義之爲類亦不一有知識

上之悲觀主義。有情感上之悲觀主義。亦有道德上之悲觀主義。今試一一舉而論之。

四　知識上之悲觀主義　此說以知靈爲至善。人之知識有限。故一生無價值。格代曰。Goethe 吾讀哲法醫且及神道學。兮用心至苦也。夜思晝誦。以期豁然貫通。兮而愚闇仍如故也。

駁之曰。悲觀各說。所取三斷法之前提。往往不正確。此說亦犯此病。何則。知識並非吾人之正鵠。不過達吾正鵠之作用。亦非至善。不過至善之一部。蓋吾人所蘄爲知識情感意志三部分同時之發達。而非僅一部分之發達而已也。世之完人。不當獨養其知而置情意於不問。而當求三者之發皆中其節。不寧惟是。吾人豈真不識不知者。自有歷史以來。吾人之知識。豈果每況愈下者。今日吾人之知識。雖不足以鈎奇求深。見萬事之根極。顧其實踐之常識。尙不可勝用也。今人於天理之微。人情之著。莫不洞然畢貫於一。是以人之勝於天者。日益衆。而百科之學。由此蒸蒸日上矣。可知吾人知識。今既勝於昔。後必勝於今。此自然之理也。

五　情感上之悲觀主義　情感上之悲觀主義者。謂吾人之至善。福幸也。快樂也。人生非惟不能達其鵠的而且多苦惱而少安樂此其所以爲失敗也此類見解以舊約爲最多駁之曰吾人前已詳言之曰快樂非吾人正鵠不過達其正鵠之作用或不過正鵠之一部分而已今且謂人生多苦而寡樂者吾人不可不一證明之其證明之術當用歸納演繹以及統括諸法所謂歸納法即反求之於吾人之經驗由博而反諸約也所謂演繹或統括法乃欲舉人世之根源以爲果若是則世人斷無致福之理此則由約而推諸博也

(一)歸納法　今試以歸納法求之人生多苦而寡樂一語果能得其證乎豈苦樂二事吾人可以權之衡之或僂指計之乎試取吾人日記簿孰能取其當日事實而一一定其爲苦爲樂者又孰能得其苦樂之數量而比較其盈朒者如於一日或一小時之苦樂今尚不能計算一生之經驗何如一己之不知世人何如

(二)演繹法　叔本華嘗由吾人意志之素性而論以爲人生之經驗苦當多而樂當寡人生於世無非盲求求而勿獲苦痛遂生即求而獲其所欲樂感亦倏忽即逝悲念又生欲望之究竟終爲失望是欲望爲天然悲慘之事無疑且吾人所欲之事無非夢幻及其末也終必謝此世以去叔氏又言凡人一生所爲無非一無時或息之生存競爭而已此

競爭也。終必歸於失敗。當颶風之挾浪以至也。彼航海之舟子。雖或奔走營救。始終勿怠。然勢之所趨。人何能爲力。亦惟有葬身魚腹已耳。又謂吾人福幸常爲負數。以吾人所感覺者。其惟苦痛。而有福之人。則不自覺其福。如健康壯年及自由。爲少年之三寶。顧少年不自覺之。俟老之將至。而後興悲感焉。此福幸之所以爲負數也。福祿特爾 Voltaire 之所見與叔氏相符合。其言曰。福幸不過夢幻。惟憂悲爲實。又曰。蚊蝿者蜘蛛之天然食料。吾人者。亦必爲憂悲所吞食焉。

駁之曰。是皆形容失實之言。叔氏所云。頗似出於殘疾者之口。而非健康之子所當言也。人固不免有失望之時。然而欲望之爲物。豈必使人入悲境。者不特是也。吾人苟無所欲。無所望。無所求。則一生之價値何在。人而無競爭。無偶然失敗之事。則此生亦有何趣境也哉。

人生於世。不能無行動。亦不能無發達。人苟有生。斷不能絕其欲望。吾人不當懸企一無爲至靜之境。以爲至於斯。庶可以消極以享受其福幸焉。夫如是則生與死。一而已矣。

蓋悲觀說之謬點有二。一以永久不變之福幸。爲吾人之至善(或正鵠)。一以吾生爲達此正鵠之作用。而不知吾生本體。亦一正鵠。並非作用。人生於世。非若鐵路行程。由是而至吾別一目的之地。乃若散步佳林。吾人鵠的卽在於是。而別無所求也。方吾逍遙於林中也。諸凡鳥聲林蔭。泉滴蟲鳴。花之芳芬。路之曲而奇。日光之暖而可愛。吾人一一得以領受之。玩賞之。雖於是時。中途或經九折之坂。或蒙荊棘之傷膚。或受飢渴之苦。此皆偶然不得志之事。若論其全程。則不可、謂爲失敗也。人生於世。亦猶是耳。孰無福禍成敗。與憂樂之迭乘哉。吾人得志之事。可喻以日光之和愛。傷心之事。可喻以雨候之陰霾。但日光與雨水。皆爲萬物滋長所必需。而不可以偏廢者。吾人苟欲培養其道德。鞏固其人格者。患難之經歷。其可少乎。

至以福幸爲負數。此必爲今日心理學家所否認者也。由心理學言之。苦果爲正數。爲實有之事者。則樂亦如之。不特是也。人以身無苦痛。卽爲福幸之實者有之矣。是樂必爲正數也。

(三)統括法　悲觀派又由吾人知識之本性及原委立論。以爲人之一生。苦痛常逾於快樂。彼傳道者亦嘗語人曰。知識者憂傷之母也。人苟增進其知識。亦必益加其憂傷。世愈文明人之欲望愈衆欲望愈衆則痛苦失望之事亦愈多蠻野之夫祇以目前爲生不瞻前不顧後故無懊喪畏死之念人之知識既濬則能懲前毖後三思而行已往之痛既不能忘情未來之苦又時在預想之中至於預想痛苦之爲痛苦較諸現時之痛苦爲尤甚此亦事之不幸者也且今日之人沐受輓近之文化捨物質之我外且知有精神之我與社會之我以及名譽之觀念卽人之所以視己是也社會愈複雜則我與世人之關係愈密切精神之我亦愈易受損害吾人於是有未遂之志願已傷之名譽以及無所償之愛情等等如是苦痛較諸膚體之痛苦必爲尤甚不特是也吾人知識果進則其博愛之情亦以之而進於是吾人不獨憂己之憂而且必憂人之憂焉是知識之域無往而非死地也

駁之曰悲觀之說雖非夸誣然而非通論也人之知識既進感覺亦愈發達是也然苦痛之感覺可以發達快樂之感覺亦豈不能銳敏者文明之增進欲望亦是也顧文明亦豈不能增進達吾欲望之術者具有新欲望者必有新動作有新動作者必有新快樂如吾人能預想未來之痛苦吾人安不能預想未來之快樂者其實吾人對於未來往往希望

過奢而畏懼之念頗鮮此吾人之經驗也至於迴憶往事吾人又輒忘其痛苦而徘徊欣羨於所得意之事摧心憤氣之情往往一昔銷散而心之愛矣則不可弭忘此又心理之現象也又吾能憂人之憂吾豈不能樂人之樂不特是也我有憂心有友與共卽爲我莫大之福我志苟償得與人共樂之其樂始無窮耳

由是觀之吾人今日知識之進步如能增人苦痛者亦未嘗不能增人之快感焉然則苦與樂增進之速率如何此實一疑問也悲觀者曰今日之人苦多於樂以苦之率較速於樂也樂觀者之言則反是自吾人視之二說皆無佐證顧樂觀派之說則較近乎情理蓋生理學者嘗謂快樂之感覺常與有益之動作相連痛苦之感覺常與無益之動作相應是吾人亦可謂壽康之生物（卽言戰勝天演免於淘汰之生物）所得之快樂常逾於痛苦矣夫天下普通健康之人既多於畸零殘疾之口則世間必當多福幸而鮮痛苦且據生理學家之言可知彼懷快感之生物卽戰勝天演之生物其懷苦感之生物必將絕迹於地球者也人類既能生存於地球則所受快樂必逾於痛苦否則亦必爲天演所淘汰矣蓋天下者戰勝天演常覺愉快之人之天下也

假使今日之世界。苦誠多而樂誠少。然極端之悲觀主義。仍無謂也。世間果多失望或憂傷之事。吾人安不能以澄清天下爲蒼生造福爲己任哉。如悲世之徒不耗其精神光陰於悲傷哭泣之餘而爲不幸者謀改良。則天下之事未可知也。

道德上之悲觀主義　學者之厭世。亦有以道德墮落爲其主因者。居今之世。勇者未必獲其賞。勤者未必食其果。仁者未必受其報。天下之無公理也久矣。今之人不外奸滑與蠢愚。彼功業滿天下者。實狡詐凌虐之尤者也。世之人不徒乏好善尊賢之德。而且嫉視善良。妨功害能者。比比皆是也。

駁之曰。厭世之家往往譭人過甚。此其一也。其實吾人之腐敗。未必若是之甚。今欲論之。吾人仍當取歸納之法以求其事實。與演繹之法以證明人之性固爲惡而非善者也。

(一)歸納法　天下不善之人。果多於善人乎。欲答此問。吾人必有一確立不移之標鵠。以評人之爲善爲惡。如吾人將以至聖全能爲道德之標鵠。則天下恐無可稱道德之人。如欲滅絕世人自私自利之念。則天下。將無可稱道德之事。但如吾人立一近乎情理之標的。使夫人而有可爲堯舜之望。則吾人之道德不至若是之失望也。如以此爲標準。則

凡行爲之足致羣己身心之壽康者皆可謂之善行又凡自立立人自利利人之徒皆可謂之善人於是可知人之所以爲人不若厭世者所言之腐敗也

至於天下善惡之人孰多孰寡吾人苦不能以統計學計算之耳天下不肖誠非少吾人不能達於至善誠無疑義如政治之腐敗政客之誤國殃民假公濟私世人之畏強凌弱所在都有其有以身殉道不稍委屈之士則世人且目之爲失敗斥之爲瘋狂諸如此類殆不勝枚舉雖然此不過社會一部分之現象非其全體也世固亦有力持正義不少假借者詐僞常爲成功之訣是也然豈必詐僞而後可以成功者且以詐僞而成功者吾人既引爲異事則可知如是現象非人事之常經乃其變例而已大凡天下之至奇極醜始爲吾人所致意而飫聞厭見之事則殆視而不見聽而不聞也

(二)演繹法　今更以理想推而求之吾人亦不能謂此身此世必無善狀也人豈生而爲惡者耶教士嘗謂人之祖生而爲惡故奥格斯丁及叔本華之徒亦以爲人之罪惡實由遺傳而來其然豈其然乎叔氏又謂人以利己爲天性利己既爲惡德故人無善者然叔氏亦信有救法卽克己是也如吾人能專心致志於學術宗教等事則私妄之念亦可

消滅。然則。吾人。非。無。望也。可。知。卽彼耶穌教徒以爲人生而爲惡者。亦以信仰。基督。爲。救法。

總之。今以演繹法立論。若謂人生有惡而無善者。非武斷。而何。吾人者固自愛而亦愛人者也。其動作也。爲我者半。爲人者亦半。能如。是。是。亦足矣。如人爲極惡者。則世之人羣久已不能生存。其所成就。亦無。幾。矣。吾人既能結合大羣。始終不怠。則可知反身循理。敦倫飭紀。乃人道。之。常。非然者。吾人社會早當瓦解。圓頂方踵者。絕其噍類可也。言念及此。當存。樂觀。嘗見非常之人。方能以詐僞奏功。則可知詐僞而能奏功。決非常有之事也。不特是也。假使世界爲萬惡之藪。者吾人何必失望。人苟有志以澄清天下爲己任者。當力求奮勉。而不當痛哭流涕。徒喚。奈何。已也。望吾同志。嫉惡若仇。以正勝邪。善之强固在於戰惡。奮勇先登。請自隗始。夫人苟有此精神。則世界惡魔。安得不退。避三舍。

(三)統括法　世人亦有縱論古今。瀏覽史乘。一若不勝其感慨者。以爲古勝於今。世界。常。呈。退化之象。又以爲遼古之民。較爲純樸善良而多福。自文化之發達。人心始不古矣。社會之階級日著。一切惡德隨之。以生。良惡貴賤之觀念。亦以之。大變。譬如今人崇尚知識非爲知識之故乃爲由知識而沾社會上特殊利益之故一如世人之寶藏金玉珠翠者然金錢也學問也 Culture 已成社會階級之一標記人之愛之亦惟愛此標記而已又富貴之人日顯其暴戾恣睢驕蹇無狀而貧賤之夫則日趨於顓愚卑陋怯弱無能此皆社會法制有以致之也

駁之曰彼謂吾人道德退而非進太古之民純樸善良未必確也是古非今各民族類能道之各宗教亦喜述之希臘人嘗信古有黃金時代猶太人亦創古天堂之說何哉蓋吾人對於現今惡俗時時接觸不易忘情而於古時則都忘其醜而憶其美耳

今果不如昔乎此當由吾人觀察之標鵠而定如吾人必反對政治與宗教之自由今固不如昔也如吾人以凡與文化相連之學問及奢侈爲至醜極惡爲洪水猛獸今亦不如昔也如吾人當清靜無爲屏棄一切科學藝術或文學而不治則今亦可不如昔也反是如吾人深信人羣之所蘄在發達與調和其身心之能力以求適於生存競爭在教育人民以增其知靈以發展其仁愛之觀念在克己以克天然使之傳揚文化雖至卑極賤者亦能享受其福利則不當謂今不如昔也

第十一章　品性與自由

一　德行與邪行　行之足以招福者吾人常謂之德行。行之足以致禍者吾人常謂之邪行。前已述之。又動作不過內部心理狀態之表著於外者。而其動機則莫不發生於內部。前亦已述之。吾人前所指陳之心理狀態。卽所謂唯己與唯人之衝動及情感。以及所謂道德之觸感是是。故道德或道德之行。實濫觴於人之心。而代表人之意志者也。行爲者意志之表示。德行如此。非德行亦如此。人之立行必重道德。必以人己之福寧爲歸。則以其志於福寧心焉求之故也。人之生也。必思所以自爲保存及自求精進。故其擇行亦必求所以達其鵠的。

行爲之足以增進福寧者。謂之德行。反是者。謂之邪行。意志之表示果爲德行謂之善意。反是者謂之惡意。行有爲吾所當爲者。謂之義務或責任。人能爲其所當爲。謂之爲有責任心者。

道德權與於衝動。人莫不欲謀羣己之保存。而所以達此欲望之行爲。卽爲道德。雖然。如是衝動雖可爲德之基礎而不必其爲德。此不可不致意者也。自保其生之衝動或且成爲不德。以其所欲望者。或爲無知無識之事。自保者。轉所以自戕。飲食之貪多無厭。足以傷身。是其例也。博愛之衝動。亦可變爲不德。人之愛人。不得其道。非徒無益。而又害之。是故德也者。衝動之有知識者。卽能達道德鵠的之衝動。或意志是也。如是衝動。莫不有正理以爲之指導。卓識以爲之匡扶。衝動常爲吾人於外緣（或天設或人爲）所得之經驗所薫陶。所養成。衝動之枉者直之。弱者強之。皆經驗之功也。不特是也。衝動又常視道德之感覺。或良心。以爲進退。爲我之衝動。義務情感。足以禁遏之。爲人之衝動。義務情感。足以發揚之。若彼偏於爲我之徒。拔一毛而利天下不爲者。一旦忽有不可損人益己之覺悟。其良心亦足以戢其私欲。而啓沃其愛人之心。又義務情感。亦足以使自暴自棄者以自保其身。自進其德。且彼固執兼愛。摩頂放踵利天下爲之。亦得由是以矯其失焉。

二　品性　年長月久。衝動可成爲不易變遷之習慣。是卽品性之基礎。約翰彌勒曰。品性者。意志之集成也。彼於此所謂意志。實指一己平行明瞭堅決動作傾向之積。而言由是觀之。品性也者。實爲一己內部衝動。或自然之趨勢。與外緣之作用。所集結之果。是謂（一）人之生也。必先有若干趨勢。或衝動。自生理之事。言之。卽天賦之腦。與神經之系統。

(二)內部所有自然之趨勢或衝動或腦與神經系統可受外界之影響而遷化是以人可恃教育之力而知道德(三)他日之我與今日之我相表裏易言之人之將爲何如人亦與其稟性有密切之關係

人之心體或受超特之天賜然而所處地位逆多而順少則亦不能發達其固有之稟今有人焉使得相當之氣候適宜之教育者必能成爲武士或且轉而爲尫羸矣人有大美術家之望者僅以操習不勤用力不專所有天稟遂狠戾委棄亦往往有之

由是觀之吾人苟欲養成良善之品性必先具有嚮善之良能以及合宜之外緣二者之於人如車之兩輪鳥之雙翼闕一不可者也處境過逆人傑不出稟性過鈍大智不生雖然體質之由強而弱腦稟之由優而劣其中差級蓋不可以屈指計焉人有絕無道德衝動者及其長也必爲小人無疑罪犯之爲罪犯亦有非偶然者是輩於道德上可以謂之癲狂晚近自童犯改過所之設獄囚之日遷於善者誠不可以屈指計顧主其事者以爲人生而貪叨凶淫一如禽獸者比比皆是盡欲拯而救之必無望也人有不幸而流爲盜賊者顧其前事雖略同而其遷善之遲速難易則大有不同是事也觀於童犯改過所之

研究而益得其證李佛母夫人者某遷善所主任也嘗歷指童犯之面而語外人曰是輩於未生以前蓋已質於惡魔者也余亦聞諸某孤兒院之執事曰父母苟非良民則其子女之入院者雖至幼極早不及效彼父母之所爲亦往往無遷善之望有三兒焉爲一夫一婦所產父爲穿窬越牆之徒母則縱酒賣淫女也於是長兒於幼時卽顯有欺詐之傾向次則體虛而淫至於極度其三似可免遺傳之影響但以年太幼稚未易卜也總之人苟無道德之情感者卽非完人乃羣族退化之起點使彼乖戾之象不能爲天地中和之氣所化則彼之子孫更將江河日下澆漓愈形而成一憐薄無能之種至於此憐薄之傾向或爲邪恥或爲癲狂或爲罪孽則常視其一生之外緣而定今以科學之術研究是類道德怪象之眞義及其起因則知邪恥癲狂與罪孽三者其名雖殊而其實則互相表裏者也近年專家之觀察尤足以證實學者之理論彼嘗研求罪犯之事者以爲家族之有癲癇或類似之神經病者實爲囚徒之產地蓋罪徒之中時有心志衰弱者患癲癇病者或全無感覺者且彼等之死於神經病或虛癆者比比皆是也

三　意志之自由　右所論述實已引起意志自由一問題然則意志之爲物果爲自由者

歟抑必有所先定者歟今欲答此問題必先釋其字義而後可

所謂意志蓋有廣狹二義以狹義言之意志者一己對於所有諸觀念之態度即判決是非之事也以廣義言之所謂意志即覺悟中鼓舞激動之情或動作之傾向即中心有所判決是也於吾人專心致志之際常有一種心力當吾傾心向學力去其鴻鵠將至之念吾必仗一種心力是即廣義之意志也如是心力或執意於各級覺悟之中莫不存在以各級覺悟莫不有鼓舞激動之態也

所謂自由亦有二義(一)自由者即無外部勢力牽制之謂不受外力之操縱是即一己之自由或一國之自由也人苟爲自由者則其行爲必爲一己覺悟之露示或意志之揭櫫而非由於他人之意志是即常人對於一切動作所謂自由也由是義而言人之自由範圍固甚寬也人之一起一居一言一笑無不自主此非自由而何

(二)自由之義亦可與此絕異事有無上、無始無前事者亦嘗謂之自由天之始也自始之而非別有所始也

如以自由第二義施諸狹義之意志則意志自由一語嘗謂意志爲獨立不羈之物意志

以外別無前事者也吾之擇行捨甲而從乙者則以吾願如此吾身內外別無他物足以影響吾意願者是以吾不徒能行吾所願而且能願吾所願

今更取廣義之意志及自由第二義而論則意志自由云云不啻謂吾心之力覺悟之激動亦爲果然自動無所託始之事吾心用力之多寡隨時而定至於用力之時增時減絕無他事爲之前定而一任吾心進退之自由

總之彼持意志自由之說者嘗不問其爲何義而終以爲意志者因也非果也然則此所謂自由云者一如康德或叔本華所訓乃開始因果相承之能力人能不受外界之影響而自種其因自收其果方爲自由心理動作之自由卽言其動作絕無外因亦別無前事爲之撥引也吾今之擇一行吾之意志自決之使吾必欲捨此而取彼亦吾意志之自由

吾人之於是說疏詮可有不同而自由云云當謂無因之意志則一

世亦有持先定之說者則與是派居絕對之地位彼之言曰凡吾身心範圍以內之事無一而非先定者一事一形不問其爲動作爲思想爲情感爲意志必非獨立而必受前事之影響者也

四　意志先定說　夫意志果爲自由者乎抑先定者乎請試論之使爲先定則必有其因在所謂因者、即言其斷不可離之前事或附物是也科學家之比擬事物也必先求其唯一之前事或因或證其外緣果同則其動作必趨一致凡治科學者必先認宇宙萬象必有其所守之例即必有其所受之因又必認宇宙之開物成務作如是觀 Their being and acting so and not otherwise 必有其故在焉然則吾人意志或竟心理之總亦屬是例乎吾人心理之動作果必有如是前事或附物乎抑彼與此絕無關係者乎吾人之能思考感覺或固執一意豈必先定者乎

科學家必曰是也科學以說明萬象爲職志使萬象之生不以例或其動作乏統一之觀則說明之學難爲功彼事物必有之前事或主因科學家雖不知之而亦必假定之以爲研究之助

今以科學之術察心理之作用則知此心此理天下無不同也心理之動作莫不有易地皆然之概是以因之同者其果亦必同也吾人首所當知者人之所以爲人必自其有心靈與感覺觀念情感或執意之能始以生理之事言之人必先有其腦其體其官能而後

可以成人復次人之所以爲人往往視其由祖遺傳覺悟之情易言之人之所以思考感覺及執意往往視其身心先天之稟是固萬方同概者也

雖然由祖而孫吾人所遺傳者不獨普通之品格卽特殊之性情亦如之智覺之銳鈍官體之頑敏固可由遺傳而致卽箇人思考感覺及執意特殊之途徑亦可得之於厥祖若宗總之今如總括凡百心理之趨勢或官能而統稱之曰品性則人各有其特殊之品性且此品性之著現形必有其前因在今日之人實爲悠悠前古之產物斯言之真有識者亦已衆口一辭矣今人身心發達之迹一如網然其中千絲萬緒則由邃古以還人類經驗之程所組織而就者也

世界之影響箇人也亦必視其特殊之品性自生理之事言之人腦所受外界刺激之感動當視其全機體之性質而定彼之機體不特能感受激刺而且能遂己之性以化變之如是品性如是腦系莫非萬祀之遺蹟往古之終果有今日之果必有昔日之因由是而論意志固先定者也我生爲人而不著牛馬之形則以生我之父母爲人類也我爲人類之一而與他種人特殊則以我屬於特殊之種族及家族之故遵是以推我亦可謂我有

人之心。我有人之志。我且有人類特殊之心志。此以我生之族之國之家之時。亦爲特殊故也。

是以吾心。未嘗不爲若干前事所先定。然而臨時之事情。亦未嘗不足以影響之。譬諸穀種。不有沃土。不足以滋長。品性亦然。其發展也。亦常視其外緣之適與否。若以生理之事言之。人之智覺。必有若干之刺激。而後能發展其天性。智覺之發展。由稚而壯。亦必以得適宜之境地爲第一要義。不特是也。吾人肌肉之發育。訓練爲之。腦部之成長。亦訓練爲之也。

苟準前說。則知內外兩部之要素。無一足以偏廢。內部者品性也。外部者所居之環境。或社會也。智覺之動作。必視外界之刺激。爲之導線。然而智覺並非外界之傀儡。智覺之於外物。不獨納其所應納。而且與其所應與。而生特殊之反響焉。是卽智覺對於外物之反動。悉遵一己品性之命者也。吾心亦然。其爲物也。負而又正。被動而又主動。品性者不惟爲物所造。抑且所以造物者也。人之所以思考感覺及動作。非惟與其外部現象有關係。抑且與其內部現象。亦不可須臾離。今以心理學之術語論意志之事。則吾人斷言當如斯。吾人觀念或情感之能成原動力與否。全視其一己之品性。而其品性之著現狀。則必。有。恆。河。沙。數。之。情。之。勢。爲。之。前。事。

由是觀之。科學的心理學實主意志先定之說。以其視覺悟之狀態與宇宙萬象無殊。皆必。有。其。前。事。附。物。與。終。果。者。也。於是心理現象。一如其餘諸現象。遂被納於宇宙萬象統系。之。中。蓋心理現象。絕非孤立無依。與世無緣之事。乃世。界。相。互。萬。象。全。體。之。一。部。也。

五　神道說　吾人既以心理學研究意志自由或先定之問題矣。今更請述。神。道。學。者。及。純。理。學。者。之。說。神道學中有以意志爲自由者。亦有以意志爲先定者。常視其所懷此類。概。念。之。起。點。爲。轉。移。譬諸耶教神道學之論點。則爲基督之降生。所。以。救。人。使。出。於。罪。孽。也。於是奧格斯丁以爲基督既必救人於罪。則人之不能不犯罪。並不能自救也。可知人。之。犯。罪。既。爲。先。定。則。其。必。非。自。由。也。亦。可。知。是。卽。亞。當。遺。傳。罪。孽。之。說。也。其。他。神。道。學。者。始。所。取。以。爲。據。者。雖。同。而。其。斷。言。則。異。如。基。督。必。救。人。於。罪。是。世。間。必。多。罪。人。也。然而人。無。自。由。之。權。者。必。不。能。爲。罪。人。以。獲。罪。於。天。與。否。亦。吾。人。之。自。由。也。

雖。然。彼神道學者之主張意志自由或先定者。亦。常。以。上。帝。之。概。念。爲。起。點。甲派曰。上帝爲全能人則全視上帝之能以爲能人果爲自由者則將不受上帝左右操縱之命而傀然獨立於宇宙焉咫尺之威嚴以削是豈上帝之所願哉乙派則曰上帝爲至善人之犯罪必非彼蒼所先定也如上帝縱人爲惡則上帝必非至善之神乃世之罪人矣如上帝不爲世之罪人則人之爲罪自擇之耳是以人事並非先定乃自由者也

六　純理說

純理學者所見亦不一有持先定說者亦有倡自由說者彼主唯物論者以爲物質者實際之唯一要素也宇內萬事莫非物質之運行也一事之起莫不有其主因者也假使是等前題果爲真確則心不過運行之境果且必爲物質之律所支配據唯心論則心靈爲實際唯一之要素天下萬事莫非心靈之反映也更據一元唯心論則廣宇悠宙唯有一心靈或智靈而億兆人之心靈或智靈乃此心靈之反映而已如是要素康德謂之真世 The intelligi'le or noumenal world 謂之太一 The thing-in-itself 謂之自由費希端 Fichte 謂之純我 The practical ego 黑智兒謂之自然之理 The universal reason 叔本華謂之意志其爲物也爲自由爲無緣自造其端自託其始雖然使吾心果爲如是要素之反映則二者實不可以須臾離心靈之動作實惟

此要素之是邊於是吾心爲先定康德與叔本華皆謂吾人外著之品性 Man's empirical or phenomenal character 實爲真際品性 The intelligible or noumenal character 所先定前者不過後者之反映而已

多元唯心論之說則異是是派之言曰天下之心靈或要素非一中古煩瑣學派之鉅子鄧史各脫斯 Duns Scotus。以爲世人各爲單獨之要素人各有完全之自由以擇其所行以行其所擇而不受外界絲毫之約束如有嚴持此說者（彼主中性自由之論 The freedom of indifference 者固必以此說爲其筌蹏）則可謂人各爲一造物主也雷白尼 Leibniz 亦主多元論者也顧其論調與鄧史各脫斯稍有不同雷氏曰充溢於宇內者爲無數之元子或氣質各各享其自由之權而不爲外部勢力所驅使又曰各各氣質莫不有屹然獨立宅中自主之概雖然元子之爲元子常視其固有之本性而斷然則各各元子必爲其一己本性所先定者也吾之如何思維感覺及動作者亦以吾之天稟或品性使之然耳

如吾人不以唯心論及唯物論爲然而僅以爲心與物不過所謂元素之兩端彼元素者

既非心又非物而爲心與物之母是則心與物皆爲此元素所先定而非自由者矣若夫所謂元素或爲自由自始自生之體未可知也

據二元論之說則吾人實有二元素卽心與物是也二者於根本上絕不相同人之爲體兼心靈與物質而有之彼創二元論者可持先定之說亦可持自由之說當視其對於心理現象之意見如何卽言心理之事有無所守之律是也此則曰心與物既有同條共貫並行不悖之概物且各有其理心安能不有所遵之律乎彼則曰心與物爲先定此爲不根之論他且不問人之心靈或意志必爲自由必爲自始也無疑

七

自由說與先定說之調和　然則吾人於此點其斷言果何如乎夫有形之體之元素不問其爲心爲物或心物之兼或非心非物皆無起訖無來由故無疏證此學者所公認或假定者也苟由是義言之則謂之自由也可然而吾亦可謂彼元素爲先定者以其動作常有整齊嚴肅之觀或常有其所循之則也雖然此非謂彼元素之動作皆由外物之驅使逼迫而然不過謂彼動作一若按部就班井井然有其條理而已卽彼物質之原子亦可謂之自由以其未嘗受外物之强制顧亦可謂爲先定者則以其動作有軌道有順

序不致汗漫無紀混殽莫析也人之心靈或意志所有之品性實無以異於是意志果爲先定者乎曰是也以其未嘗浮躁從事凌雜無章而有所遵之律也意志果爲自由者乎曰亦是也以其未嘗爲外物所抑制也泡爾生曰使根本律之本質 The nature of Causality 僅一外部之抑制 An external necessity 而不容內部之抑制 Inner necessity 則是律也固不能施諸心理之事也果爾則根本律不惟於意志卽於心靈事業之全體亦將爲無效雖然此非根本律之過乃吾人於根本律之總念未盡精確之過也如吾人取謙謨及雷白尼之解以爲根本律之總念在諸種要素變遷之調和則可知根本律者不獨行於自然界而且爲心理之事所必守者也今欲求心理恆而不變之事而勒爲淺顯之規則固非易易顧謂心理之事無畛略可尋豈通論哉心物兩界之要素殆無孤立無緣凌雜無序者各各要素與其前時同時或後時諸要素必不能脫離其關係吾人之於如是關係固不能定爲數學之公式顧其關係之存在則昭然若揭也吾人內外之情事果能盡同所生意志亦可無毫釐之差夫人而知之者也於是刺激同者則其所發生之觀念之情感之意願可無不同此亦自然之理也是以自由云云與真確之根

本律。毫無衝突。自由也者。並非絕無律令之謂也。吾人主觀心理之事。必無淩亂無章之形。如其有之。亦非倫理學所宜注意者也。不特是也。如於心理之中。忽焉發生漫無統紀。孤立無緣之要素。則不惟人之意志有顛倒錯亂之形。而心理之域。亦將全然消滅矣。又使天下無因果之定律。則將人無訓練經驗之事。學無理解疏詮之功。而社會所有教育與法制。亦將盡失其效能。

八　評非先定說　雖然吾人不能主張意志自由之說。一如鄧史各脫斯之所爲也。

(一)六合之內凡一現象吾人必能求其因於先象或萬象之匯今使吾人施根本律於物質之事。而否認之於心理之域。則自然界必將失其整齊劃一之觀。白恩之言曰。世事苟非整齊劃一者。則智靈將失其導師。而慎思遠慮亦甚無謂矣。事之至微。雖如秋毫之末。然亦不能謂無前事爲之因也。譬諸一起一居。遂吾所欲可也。顧吾所欲。則都由先後或著或隱之情事而定。詹美士亦曰。歧路旁皇之際。吾人趨此而棄彼。其事誠至微也。使吾人意願於此。得完全之自由。則於天下之大。萬象之秩然有序。似無關也。雖然。若以理解言之。此事雖小。影響實大。定例以外。偶有越軌之事。其事雖微。而其傾向之大。則與木星之離其常徑無以異也蓋如是則宇宙之內天理從此絕矣利爾 Riehl 亦有言曰於吾人識悟之中事物之發生莫不遵其一定之例彼有脫離是例者其爲差也雖曰其小無內然其事之爲奇事實至大無垠也吾人於微細之事苟有完全自由行動之能力則此能力終必橫行於自然界而破壞衆妙其始也簡其畢也鉅此之謂矣蓋自然界中不有破律之分子則已苟一有之則乾坤之綱維以棼此與有機體之物質中不有醱酵則已苟一有之其量雖微而物之全體以釀同一理也自然律者不能與無限制之自由共戴天者也

(二)世之學者以欲解此困難之故而附會穿鑿之說以起吾人之理想一以根本律爲歸是也然而意志亦未嘗非自由者也今欲求兩者之調和於是學者有以根本律爲自由或無律者矣易言之彼持意志自由論者嘗造根本律新解以附會其說也博士瓦特 Dr. Ward 者嘗犯天下之不韙以調和此不能調和之二事其言曰、根本律有二種一乃現象繼續莫不整齊劃一之謂如是根本律所以統治物質世界者也偶有例外厥惟奇事二爲根本律之起源 Originative causation 智靈之事常爲萬因之因即人之靈魂是也瓦特根本律之解釋嘗以自由爲其假定之基理而不知自由云云適爲首當證明之事瓦氏曰孰謂世無萬因之因乎人之意志果誰爲之因者人能排斥一切衝動而毅然獨斷者是卽意志之事也彼又曰孰謂意志之自由與根本律其義不能相容乎根本律云云豈不謂根本以外猶有根本乎是可謂循環推理之甚者矣

惜哉馬鐵奴者亦嘗爲此率臆之談斯人也而有斯誤也馬氏曰意志者因也非果也常本一己之好惡而定事物之去取絕無所猶豫者也如是總念彼先以之統御宇內萬象而後推之於意志彼所欲詔世人者卽根本律觀念之實施並非趨於先定而乃趨於自由方面由彼所云因果與自由固一而二二而一者也馬氏理想之謬實至淺顯馬氏又曰據先定之說凡一動作必有其因是以意志必爲若干動機所先定意志之不能自由以其有違於因果之律故也馬氏則曰唯唯否否假使根本律實謂各種之果必有各種之因則意志固非自由者然而各種之果必有各種之因之說並非事之眞也意志之非先定以各種之果不必其有各種之因之故其所以然者則以意志之爲因可以任擇其果是卽一自由之因也右所云云是不啻謂意志之爲自由以其自由故也豈不謬哉

(三)意志之自由如上所述實一不可解之事也其與根本律相背也實甚據心理學之所考查此非事實前已言之矣今吾人所必欲重言之者卽意志果爲自由樂育薫陶之業果何爲也哉在昔先師以集天下英才而教育之爲大樂爲一己之任果何故哉如意志不能受外物之影響者則國家養育之制賞罰之典以及其餘切道闢德之事皆謂之贅瘤可也人有趨向汙下者其將何以糾正之人有志氣墮落者其將何以策勵之不特是也意志如果不受因果律之治者經驗派所述羣己道德各期之進化寧非不根之論又使意志不由外部之抑制則神經病與補神藥之影響於意志其將何以解之國民意志之退化其孰致之吾人睡眠之時意志果何如者人之爲人愚誘也其意志又果何如者

人果爲絕對自由者其道德將何如乎利爾曰彼持非先定說者不置道德於危險之地不止自由之意志必將不聽推理之命而倒行逆施者於是良心也悔勉也道德之情感也必將退處於無權人無定志則其行爲必不足恃人之意志苟爲自由之至則其行爲必與癲狂者相似人果以此類自由爲的則不啻如雷白尼所云甘爲蠢愚而已先林

Schelling亦有言曰。人有不仗若干原動力而能擇此以去彼者。及其末也。必至於妄行亂動而後已。

不特是也。今試默認彼自由論所謂意志之動作。雖必恃若干動機。顧取此動機而捨彼動機。則屬意志之自由。而並無他因云云。然則意志自由之說。遂能成立乎。曰非也。彼持自由論者。不問其謂意志爲萬因之因或因果律之權輿與否。而其不能無謬則一。馬鐵奴嘗曰。意志者因也。非果也。取萬象而權衡之以定決擇此意志所有事也。馬氏於此實主張意願絕對之自由。此其所以爲世所詬病也歟。

九　自由之覺悟　或者曰、意志自由。非盡無稽之談。如欲得其佐證之一二。正不必求諸遠也。如薛知微其人者。亦嘗創是說。其言曰。對於先定之說。吾人所得佐證。可謂豐矣。顧尚有一強有力之主張。以爲自由之說助。其主張維何。曰當吾人熟思審處之際。莫不有一明瞭之覺悟也。

(一)今就前述自由之義。姑不問吾人對於意志之自由。有無明瞭之覺悟。即使有之。如是情感不得爲科學之佐證。一如吾人所有日繞地行之情感。不得爲天文學之佐證也。

今以靈魂自由不加思索之觸覺謂爲事理之證實是不啻謂意志之爲自由以吾所覺如是也

(二)藉曰如是情感於學術之證實不無小補然則吾人豈不先當證明(a)此情感之有無及(b)此情感之爲何物乎彼持意志自由論者固曰人莫不覺其一己之自由而遂以是爲彼等立論之基礎然而吾人所欲問者卽對於彼曹所謂自由人果有其覺悟乎持意志自由論者嘗喜納其學理於其所謂自由之覺悟是不啻穿鑿事實以附會其說也今請分析自由之覺悟方吾意願之端倪尚未露也吾或自覺曰此可爲也彼亦可爲也顧於意願動作之際吾必不能有此感覺迨夫情移境遷事已行矣吾或迴憶前事而自悔曰何必當初此無他凡人之動作必與其所有環境與外緣相附麗昔日之情勢固一時之急也而今安在哉是以動作之不同以意願之不同意願之不同以驅迫意願之情勢不同故也若彼所云(一)意願爲無因(二)意願之爲意願吾人不求甚解可也(三)意願爲萬物之眞始(四)意願可自生自滅不受前事之約束此皆牽肊之談吾人未嘗感覺之也至謂吾之心志所以揭櫫智靈之我智靈之我者吾覺其爲自由者也云云則

更荒謬絕倫矣。

總之吾人不必與彼篤信自由者深辯。今但示以世所公認先定之常識可已。一人之行爲吾人認爲與其品性有不可脫離之關係者也。讀史論古者莫不欲求其事之本末。亦莫不欲分析前人之言行。以示其所受外緣與時勢之影響。觀於社會之傾向。人莫不以近朱者赤。近墨者黑爲言。有不以此言爲然者。請觀教育與治制之效能。

十　責任心　說者又謂人之意志必非先定。而爲自由。可以其責任心證之。雖然人之有責任心。未足爲意志自由之證。不過以示人之動作及意嚮皆視其品性爲轉移。或以其意志爲源泉而已。動作之出於意願者。實足以表示一己之人格。於斯時也。動作者彼之動作也。由彼意志所決擇。而彼品性之產物也。彼未嘗以爲品性之爲物在己身以外。而不在己身以內。彼之動作未嘗受品性之外誘。其實己卽品性。品性卽己。是以於一己之動作與意嚮。彼必爲品性負其責。人既自以爲主動。方其動也我也。非人也。雖欲使之放棄責任不可得也。

雖然使吾品性果爲外緣自然之果。則吾何必對於一己之行爲自負其責。使人之行爲。苟爲有因之果。則人有不能自己之行爲。吾人何必懲警之。曰懲警之作用。一强有力之先定作用也。人之於其動作。必負責任果何故哉。丁鐸爾 Tyndall 之答是也。則曰橫逆無道之勢力。皆必爲社會之所禁。不問其爲節制之勢力。或自由之勢力也。亦不問其爲天然之勢力。或人爲之勢力也。刑法之起義。實由人非自由必受外界約束之故。教育可使人爲道德之士。此言教育可以影響人之品性。並導人之行爲使達於社會之善也。利爾嘗以譏諷之辭以爲之說曰。人之有責任心。非以其生而知道德也。人之道明德立。則以凡百行爲惟彼是問故耳。

十一　先定說與實踐倫理

學者往往有採先定說之理論。而但以爲不利於實踐者。今果假設萬事爲先定。則世人不將棄其力求上達勵精圖治之思乎。

雖然先定之說未必若是之足以破壞一切也。先定之說未嘗妨害人類活動之精神也。回教之國。惟知信天任命。耶教徒之隱逸者。則信意志有絕對之自由。顧活動之精神前者反勝於後者。此無他。先定之說。往往爲吾人動作强有力之動機也。假使吾有好勝之心者。又使吾亦知優勝劣敗。必有其先定之因者。然而如是知識。仍不足以削減吾好勝之心。人既受道德之教育。莫不思所以進其德修其業。而未嘗以先定之說而自畫。其實彼且將熟思審處。始終如一。以力求爲君子人焉。是以蒲脫勒嘗有言曰。彼主天定說者。輒謂宇宙之一形一物一事一勢。莫不有其固然之理。而不能稍有移貳。是也。然而吾人之擇行。往往有所思考。有所寧願。有所判決。且有所貫澈之主義。是固不在天定之列。人人得而自擇者也。不特是也。造物之爲造物。必有其品格。此固然之事也。顧此固然之品格。爲善爲惡。亦至無定。非然者。人既法天。天法道。道法自然。而何以吾人或仁或暴。或忠或奸。或恕。或不恕哉。

倫理學導言附註

第七頁第四行 馬鐵奴 James Martineau 英國近世神道學家也生於西歷一八〇五年歿於一九〇〇年嘗爲講道師於利物浦及突白林等處者十有三年闢三位一體之說而信獨一之神繼爲 Manchester New College 教授及校長傳道至老不衰人之愛之以其懇切誠摯之故關於倫理學之著作爲 Types of Ethical Theory 及 The Relation between Ethics and Religion 等書

第九頁第四行 詹美士 William James 美國近時心理學大家也於西歷一八四二年生於紐約城歿於一九一〇年嘗畢業於哈佛大學醫學館後遂於該大學充當哲學及心理學教授者有年其成名也始於所著心理學二書一爲 Principles of Psychology 共二卷於一八九〇年出版一爲 Psychology 於一八九二年出版嗣後詹美士遂名噪一時矣其於哲學中嘗從經驗立說而持唯心論者但其所著 Pluralistic Universe 一書則又稍異其旨云

第九頁第六行　戴尼遜　Alfred Tennyson　英國大詩家也生於一八〇九年死於一八九二年

第十二頁第十一行　柏拉圖　Plato　生於紀元前四二九年而歿於三四七年蘇格臘底之徒而亞里士多德之師也氏之哲學爲極端之唯心論雖濫觴於蘇氏而虛廓則過之嘗授生徒於園林故柏拉圖派有園林學徒之名

第十二頁第十三行　亞里士多德　Aristotle　柏拉圖之弟子也生於紀元前三八四年而亡於三二二年於希臘哲學家中最爲博學嘗採提摩克利多斯之說以補其師柏氏學說之不足而立詳實之進化論其於倫理學則取福幸主義著述極多不及枚舉　Nikomochische Ethik　者其倫理學主要之作也

第十三頁第十二行　純理學　Metaphysics　又名理學玄學形而上學或萬有之學

第十五頁第十一行　今日科學所假定之基理莫非屬於純理學者科學之造端實不外常識中純理思想斯固毋庸隱諱者也

第十五頁第十三行　如是科學實爲實驗　Empirical　科學而非合理或純理　Rational or metaphysical　科學

第十五頁第九行 匈波得 Wilhelm von Humboldt 德國學者也生於一七六七年而沒於一八三五年嘗以政治家成名而又以語言學美術學及文學聞於世者著作甚富

第十五頁第九行 達爾文英人也生於一八〇九年歿於一八八二年生平研究博物學遂以創物競天擇優勝劣敗之論達氏祖及父皆以博學聞於世外父亦名人也所著 Origin of Species by means of Natural Selection 乃於一八五九年出版是書既出震動全歐於是毀者譽者皆不遺餘力迄於今達氏之說遂不可移

第十五頁第九行 赫胥黎英國 Huxley 生物學者也生於一八二五年歿於一八九五年初治醫爲英國海軍醫官出征者有年繼充某校生物學教授於一八五六年嘗游 Alps 大山與丁篤氏共著 Observations on Glaciers 一文其名遂著後且肆意著書全集共凡九卷 氏之學說無非提倡達爾文天演之說氏終身著述之精神在求事理之真

第十五頁第九行 漢霍子 Hermann von Helmholtz 德國格致名家也生於一八二一年沒於一八九四年於一八八三年德皇曾賜以勳爵始治醫爲軍醫及某解剖博物院幫辦者有年繼充某大學生理學教授於一八七一年則又擢爲柏林大學物理學教授著作等身

第二十一頁第五行 奧格斯丁 St. Augustine 又名 Aurelius Augustinus 生於西歷三五四年死於四三○年。基督教中宗教哲學之大家也。著有 De civitate Dei 及 Confessiones

第二十一頁第九行 煩瑣哲學派 The Scholastics or Schoolmen 歐洲中古基督宗教哲學分派之一。也。自十一世紀起至文學中興止。是派學子莫不受亞里士多德與教會專制及天方註疏家之影響。而拘於儀式泥於文字者也。如亞基那 Aquinas 如鄧史各脫斯等 Duns Scotus 皆是派之鉅子。

第二十二頁第一行 逢那文脫拉 Bonaventura 羅馬教中有名之神道學者也。生於西歷一二二一年。死於一二七四年。博學。成名著作亦富。

第二十二頁第八行 葛特渥斯英國岡比黎日柏拉圖派之首領也 Cambridge Platonists 所著書。首要者爲 The True Intellectual System of the Universe 於一六七八年出版其次要者爲 Treatise concerning Eternal and Immutable Morality 於一七三一年行於世俱鴻製也。其講道也以恕愛爲旨

第二十三頁第一行 葛拉克英國著名牧師也。歷充各地教會諸要職。自牧師以至修道院長。平生著

作反對唯物論 Materialism 經驗論 Empiricism 及定數論 Necessitarianism 綦力而惟主靈魂不死之說葛拉克嘗與雷白尼 Leibniz (見第一章附註)通函討論空間時間與上帝之關係以及道德自由諸問題二氏筆談於一七一七年傳於世

第二十四頁第十二行 索匪脫布利與黑謙孫雖似以道德觀念爲感覺之事顧於辨悟及感覺之區別則未能熟審是以駁斥理性派者當以謙謨之說最爲鞭辟入裏　蒲脫勒與馬鐵奴二子主張先天辨悟說者也彼等之以良心爲識認的官能也與理性先天派似同而實異蓋發見道德之真理者由此言之則爲辨悟由彼言之則理性之力也

第二十五頁第四行 索匪脫布利英國慈善家而兼著作家者也其文集於一七一六年出版取名爲 Characteristics of Men, Manners, Opinions, and Times 道德知覺 Moral Sense 之語索氏實創之

第二十五頁第十二行 黑謙孫愛爾蘭哲學家也其成名也始於所著之 Inquiry into the Original of our Ideas of Beauty and Virtue, etc. 以一七二〇年出版後遂爲 Glasgow 大學哲學教授於一七五五年其子又爲印行 System of Moral Philosophy 一書此爲黑謙孫

著作之最大者世有謂慈善之心莫非昉於利己之念者黑謙孫力闢其非黑謙孫功利派之鉅子也人有辨識道德之能黑氏遂亦取索匪脫布利所撰道德之知覺一語以名之

第二十六頁第十一行 謙謨蘇格蘭哲學家及歷史家也謙氏玄想卓絕懷疑即於經濟學亦多著作歐洲中世懷疑派徒知識笑而無所發明者至是其風氣爲之大變

第二十七頁第十二行 盧梭生於 Geneva 法國十八世紀大文豪也彼之 Emile 一書於一七六二年出版大爲世所歡迎其影響於全歐教育界者既大且久迄今未衰天之所賦莫不爲善人之所設莫不爲惡此該書開宗明義之語也盧梭道德教育之關鍵維何曰自然 Nature 彼以爲教育之始基不在長者之提撕誘引而在一己內部自然之發達不在問學之求而在本性之展此之謂消極教育法

第二十七頁第十二行 康德生於一七二四年亡於一七八○年普魯士大哲學家亦近世評論哲學 Critical Philosophy 之鼻祖也嘗爲 Königsberg 大學哲學教授者幾五十年至最後二十年其名始揚著作頗富而最足左右全歐哲學界之思想者厥惟 The Critique of

Pure Reason 一書或謂康德思攷之精密實爲有史以來所未有云

第二十七頁第十三行 斯密亞丹英國經濟學大家也嘗以十年之功著原富一書卽 Inquiry into the Nature and Causes of the Wealth of Nations 以是名震寰宇焉

第二十八頁第一行 海爾巴脫德國哲學家並以教育學著名者也初師 Pestalozzi 及 Fichte 教育之術終且自成一家而有所謂海爾巴脫氏教育法行於世彼之學說專就教育範圍以闡明所以求自由完成公允慈善之道而於心理上自覺之理 The Theory of Apperception 亦具獨到之見其所著述無非詮解所執之宗旨及學理著述以外海氏又設傳習所若干以實施其教育之法

第二十八頁第十行 雷蓋愛爾蘭哲學家及史學家也生於一八三八年沒於一九〇三年關於倫理學之著述有 History of the Rise and Influence of the Spirit of Rationalism in Europe 共二卷於一八六五年出版又有 History of Europe Morals, etc. 共兩卷於一八六九年出版

第三十二頁第一行 格林 T. H. Green 英國近世哲學鉅子也以倫理學言格林學說足以代表英

國之派生於一八三六年歿於一八八二年研究哲理以外格氏又能熱心社會公益以是從者蓁衆大都牛津大學知名士也所著書爲 Prolegomena to Ethics

第三十二頁第十一行 經驗派 歐洲中世末葉哲學家中如鄧史各脫斯及屋肯之徒（皆煩瑣哲學派鉅子見前）稍稍焉亦知道德並非先天而以爲善惡之見天之所命而已天之所命聖經之所傳述而已

第三十三頁第一行 霍布士英國有名哲學家世嘗奉爲唯物論之鼻祖者也不特是也霍布士者且嘗主張虛名論 Nominalism 反對煩瑣哲學而又提倡輓近正理論 Rationalism 者也霍氏奉教彌篤顧以爲宗教或神道學不當與哲學合爲一鑪云

第三十三頁第十一行 洛克英國哲學鉅子也所著悟性述略除譯爲拉丁法德諸文外英文原本重版至四十次蓋洛氏提倡哲學之功在使學者專心致志於已知之事而不耗精力於未知之數也

第三十六頁第九行 黑爾凡納法國人通百科學術者也初事財政繼則棄之而求哲學與當時名人游終且蟄居以著書爲業於一七五一年名著靈魂篇 De l'Esprit 遂出版於是大爲

學者所攻擊巴黎議會且欲火其書焉其餘諸書如 De l'Homme, De ses Facultés 及 De son Education 皆於身後始行付梓

第三十七頁第三行 柏來英國牧師及著述家也初爲某地修道院長 Rector 繼升爲會吏長 Archdeacon 終且可爲主教之職 Bishopric 而不果則以其文字觸英王佐治三世之忌也柏來著作頗富茲姑從略

第三十七頁第十二行 邊沁英國人法學家亦倫理學家也所著道德與法律於一八〇二年出版著作甚衆全集共三十卷邊沁實爲輓近自由 Liberalism 及急進 Radicalism 兩主義之先祖

第三十八頁第十一行 哈脫來亦英國哲學家也初習聖經中年始學醫居然成名所著人類之觀察爲彼一生最得意之作其名亦由是而彰全書以二十五年之功始成(於一七四九年出版)哈脫來最有價値之貢獻卽謂吾心之作用之能力之感覺大都可以意念連合之理論解釋之是也

第三十九頁第六行 白恩英國心理學家也歿於一九〇三年嘗爲某某大學物理及論理教授多年

白氏於生理心理學 Physical Psychology 頗有所發明所著 The Senses and the Intellect 及 The Emotions and the Will 兩書實爲心理學中刻摯精湛世所罕有之作。

第四十一頁第七行 康德此說與中古學者心都雷細斯之概念殆相彷彿

第四十四頁第十行 斯賓塞英國哲學之鉅子也初爲鐵路工程師者十年蓋工程之事幼所習也繼且博學廣聞研究社會諸科學遂著心理學一書後又擴而充之以成會通哲學一書 Synthetic Philosophy 共分五部或十卷其第一部爲 First Principles 共一卷第二部爲 The Principles of Biology 共二卷第三部爲 The Principles of Psychology 共二卷第四部爲 The Principles of Sociology 共三卷第五部爲 The Principles of Ethics 共二卷蓋斯賓塞於哲學自成一家言故能如是網羅萬有之學而納之於一系統也斯氏以爲宇宙之運行一天演之業也而於有機物及政治與社會之法制闡明是理也尤詳斯賓塞餘著之中有教育學一書師範學校昔多採用之

第五十一頁第八行 義務之情感心理覺悟狀態之一也如是覺悟之中實含有活潑或衝動之原質

第五十三頁第三行 愛憎之情感。與義務之情感相同。其中亦含有活潑或衝動之原質者。觀吾人肢體之動作可知也。

第六十頁第九行 良心之濫觴 英國心理學者蘇立 Sully 於其所著心論 The Human Mind 亦嘗曰。童幼之知惕厲以謹行。並非純然由於曩昔之經驗或未來之境遇也。客觀刺激之優勢。以及主觀仿效之感覺。皆足以使幼童帖服於命令之下。一若出於自然也者。長者之訓令。苟加以厲色與嚴辭。實最足以促人之行或禁人之行。語云。近朱者赤。近墨者黑。以人莫不欲效人之行也。雖然。長老之訓令。與儕輩之榜樣。其勢力殆相埒。吾人對於事物之信念。莫非受他人口講指畫之影響。而此影響之見於催眠術者。則尤足以驚人焉。世有以催眠術之作用。與教育之勢力相提並論者。非過言也。不特是也。人莫不生而有聽從人言之天性者。聞褒則喜。聞貶則懼。毀譽之爲力。莫大焉。

第六十二頁第九行 良心之成分 叔本華嘗求良心之成分如下。五之一爲畏人。五之一爲迷信。五之一爲成見。五之一爲靈氣。又五之一爲習慣。

第六十三頁至第六十五頁 遺傳說 達爾文於其所著 Descent of Man 一書。亦主道德遺傳之說。其言曰。

道德之業。可由父傳子。或由祖傳孫。其理實不難明也。家畜禽獸。其所有稟性習慣可代傳而勿替。固夫人而知之。吾且聞富家望族之中。亦嘗有欺騙或竊偷之趨向矣。夫竊偷之行爲。富室所罕有。顧千金之子。而猶爲卑徵之事者。則必出於遺傳無疑。不良之習慣旣可傳遺。則道德之行爲。可以世襲。亦意中事。世之患肝胃病或消化淹滯之症者。都知軀體之恙。嘗足以影響腦部。而道德遂有墮落之勢。不特是也。癲狂之病。可以傳遺。幾於無人不知矣。觀夫人類各民族道德隆汙。有如北谷之不同。吾人苟不持道德遺傳之說其將何以解釋之。卽曰。道德傾向之傳遺。常碎而不全。然則此事之與羣性之延緣勿失轉輾影響於箇人。其關係亦大矣。道德遺傳之順序。當略如下述。自禽獸以至人類。莫非如是。同一族類者。祖若宗之習慣訓命或模範。常足以互相薰染。累世勿替。一也。出類拔萃。戰勝天演之士。其所有道德。亦足以潛滋暗長。爲同族所摹仿。二也。

第七十頁 歷史之見解與道德 天演學者如開游 Guyau 亦曰。科學之精神。人性之敵也。性爲義務情感之基礎。而科學則足以破壞之。又曰。於吾人覺悟之中。全無性之勢力

第七十一頁第五行 泡爾生 F. Paulsen 德國輓近之大哲學家也。生於一八四六年。而歿於一八九。

九年。初治神學。繼而專修哲學文學。嘗畢業於柏林大學。繼爲是校教授。終則推爲哲學博士焉。氏之哲學。爲康德派。而又參取斯賓那莎及叔本華兩氏之說。其著述頗富。皆關於倫理學或教育學。而以倫理學大系及政治學社會學之概略 System der Ethik wit einem Umriss der Staats und Gesellschaftslehre 爲最著。其書分爲四編。曰倫理學史。曰倫理學原理。曰德論及義務論。曰社會之形態。重板多次。英譯有薛蕾之本。日本蟹江義丸等則譯其第三編。卽倫理學原理。吾國商務印書館則又重譯之。

第七十三頁第二行　煩瑣哲學派 Schoolmen 又稱 Scholastics 者。乃歐洲中古基督教會中之研究希臘亞里士多德學說者也。其學說謂之 Scholasticism 盛行於十一世紀及文學中興以前。煩瑣哲學之特點。不外教會之武斷。亞里士多德學說之詮註。及阿剌伯註疏家之勢力而已。其爲學之術。狹而不廣。虛而不實。絕無進取之精神。是派最著名之學者。爲亞基那 Aquinas 爲鄧司各脫斯 Duns Scotus 及屋肯 William Occam 諸人。

第八十六頁第四行　白拉特來 F. H. Bradley 英國著名哲學家也。生於一八四六年。於倫理學頗有所發明。其所著書爲 Ethical Studies。

第八十七頁第三行　格立斯賓 Saint Crispin 基督教中之殉道者也當第三世紀時羅馬慘殺基督教徒之風方盛氏兄弟遁至 Gaul 地方以製靴爲業仍傳道不衰且好行慈善之事遠近聞而歸之後卒以是死焉兄弟二人均爲人置諸鎔鐵之鼎鑊至今教會中仍以十月二十五日紀念之

第九十四頁第三行　昔利奈學派希臘太古學派之一也亞利斯鐵伯實創之亞氏爲蘇格臘底之門人而其所講之學則蘇格臘底倫理學之支流也求樂以愼實爲亞氏學說之中堅故其所謂學一以人之情感爲轉移不過一附庸物而已

第九十五頁第四行　伊璧鳩魯希臘古時哲學大家也生於西歷紀元前三四一年歿於紀元前二七〇年嘗宗提摩克利多斯之學而自成一派於是周游各方講學不倦從者日衆伊璧鳩魯雖以快樂爲至善顧其立身異常儉節其學徒亦皆不以惡衣惡食爲恥從師之心且益篤焉史家云伊璧鳩魯遺書有三百卷均已亡矣今所存者惟書信三及殘編斷簡而已

伊璧鳩魯以爲人之惡莫大於畏念畏命一也畏死二也人必祛此二畏念方爲有道是

可見伊壁鳩魯之所謂樂一精神之事也羅馬名人之從伊壁鳩魯學說者亦衆

第九十六頁第九行　提摩克利多斯生於西歷紀元前四七〇或四六〇年希臘古時唯一之大哲學家也提氏之廉讓及儉節自古迄今人皆奉爲模範去世之年人莫知之所著物理算學倫理音樂等書卷帙浩繁惜今罕有存者遺著悉皆藏於柏林某書林此一八四三年事也提氏研求哲學之法謂之原子法 The Atomic System 是法之要鍵在以數量考究自然諸現象而不若當時學者以爲萬物之原素爲品質而非數量也提氏以爲萬物之起點實爲無量數與無方體 Indivisible 之原子而加以自然之運動有此運動則此無量數之原子得以互相接觸互相併合而成世界無窮際之現象即所謂造化是也故提氏以爲造化之作用雖若無意識者而實有其定例焉又提氏所談倫理及純理學雖屬簡陋而實有清高之致伊壁鳩魯者提氏之徒也

第一百第十二行　約翰彌勒 John Stuart Mill 生於一八〇六年歿於一八七三年英國著名之哲學家及經濟學家又英國功利學派之首領也屬於此派者有彌勒之父 James Mill 及邊沁彌勒自稱所講之倫理學說爲功利主義是即言道德之價值在能達吾人之鵠

的其鵠的維何即最大數之最大福是

第一百二頁第十一行　薛知微英國倫理學者也生於一八三八年死於一九〇〇年嘗爲某某大學道德哲學教授主講倫理學者歷有年所自其 Methods of Ethics 一書出版後薛氏遂以倫理學著述者聞於世對於倫理及經濟諸問題彼嘗有所貢獻於各雜誌於一八八六年薛氏又著倫理學史略一書後又著政治學概論一冊

第一百六頁第三行　蘇格臘底 Socrates 希臘之大哲人也生於紀元前四六九年力闢當時詭辯派 Sophists 之有害於道學又爲守舊派所忌卒飲鴆而沒時三九九年也蘇氏雖不遇而逝而其事業赫然照耀青史其哲學思潮之流演迄今而未沫也

第一百八頁第五行　昔尼克學派希臘哲學派之一也其可注意之點則在以叫囂粗率之法以談倫理而又排斥世人之所謂樂不遺餘力也

第一百十頁第五行　斯多噶學派對於道德之問題嘗與伊壁鳩魯之徒不兩立創是學派者爲希臘學者隨諾 Zeno 其時爲紀元前三四〇至二六〇年嗣後從者日衆學風四播至羅馬而益盛重精神而輕體魄先自然而後私見此斯多噶派學說之要鍵也

第一百十一頁第六行　新柏拉圖學派者。所以攙合柏拉圖學說與斯多噶主義。以及東方萬物發射說 The Doctrine of Emanation （謂天地萬物皆由神體發射而生。如光之由日發射而有也。）者也。是派發達之地。為 Alexandria 城。（埃及化方海口。）蓋是城實介於亞非兩洲之間。而又與歐洲文化發達之區成犄角之勢。宜其為學說薈萃之域也。新柏拉圖之祖師為 Plotinus。自 Julian 其人出。新柏拉圖學說為耶穌教之勁敵者凡三百年。蓋彼等嘗欲根據論理敏辨之術。以創一宗教也。

第一百十三頁第三行　斯賓那莎生於一六三二年。歿於一六七七年。荷蘭哲學家。猶太人種也。氏為近世萬有神教之鉅子。以為萬物之中。各有神在。神與萬物。不可須臾離者也。所著有倫理學一書。

第一百十四頁第六行　肯倍蘭 Richard Cumberland 生於一六三二年。歿於一七一九年。所著為 De legibus naturae。

第一百十六頁第三行　史梯芬生於一八三二年。歿於一九〇四年。英國文學家也。著作頗多。而關於倫理學者。則有 The Science of Ethics 一書。

第一百十六頁第十一行 馮友林德國輓近有名之法學家也。生於一八一八年。歿於一八九二年。所著綦衆。是書所證引者。爲 Der Zweck in Recht 一書。

第一百十八頁第三行 桓德 W. M. Wundt 以一八三二年生於德國之某城。嘗爲某某大學生理學教授。繼以實驗心理學成名。關於神經及生理學與心理學之關係著有叢書一集。並著倫理學一書。

第一百十八頁第十行 桓德同時諸子如下。

H. Höffding : Ethik. 1887; Ethische Principien lehre, 1897.

F. Paulsen : System of Ethics.

Th. Ziegler : Sittliches Sein und Sittliches Werden.

A. Dorner : Das menschliche Handeln.

G. Seth : A Study of Ethical Principles

第一百二十七頁第八行 海甫定今世實驗心理學大家也。著有倫理學一書。

第一百三十三頁第八行 喀拉爾 Thomas Carlyle 蘇格蘭著述家也。生於一七九五年。歿於一八八一。

年著書及雜誌文字頗衆茲所證引者由彼之 Hero-Worship 一書也

第一百三十九頁第十行　約特 Jodl 德國最近心理學者也著有 Lehrbuch der Psychologie

第一百六十一頁第三行　孟特徵 Bernard Mandeville 荷蘭人也生於一六七〇年沒於一七三三年初習醫繼則行醫於英倫終以著作聞於世著有蜂之寓言及道德之源與社會之源等書其社會之源一書嘗爲法庭所禁止視爲有傷風化云云

第一百六十五頁第五行　費希端 J. G. Fichte 德國著名之哲學家也生於一七六二年沒於一八一四年氏爲康德之門人而所主學說則超於康德哲學範圍之外雖未嘗自成一家言而近紀德國哲學之受其影響實非淺鮮氏長於著述演說及預言而愛國熱心尤爲世人所莫及德國經拿坡崙之蹂躪而卒能自強克敵者愛國心爲之也德人愛國心之源當於費希端之哲學求之

第一百六十六頁第六行　史端男 Stirner 德國哲學家之偏重箇人主義者也生於一八〇六年沒於一八五六年所著書之關於倫理學者爲箇人主義 Der Einzige und Sein Eigentum

第一百六十六頁第六行　尼采 F. W. Nietzsche 德國道德哲學家也生於一八四四年沒於一九〇〇

年。氏主張道德之革命。不遺餘力。排斥世界之宗教以及道德之律。以爲人當爲人上之人。The Overman。所謂人上人者。即言自植其力。自求其樂。以當此生存之競爭。優勝劣敗。自然之理。慈善之業。退化之源也。所著甚富。後以神經失其定性。得病於一八九五年。入瘋人院焉。

第一百六十七頁第九行 威廉 Williams 所著書。爲道德進化論。A Review of Evolutionary Ethics.

第一百七十六頁第一行 倍根 Francis Bacon。生於一五六一年。沒於一六二六年。英國貴族。又爲著名之哲學家者也。近世哲學之用歸納法者。倍根實爲第一人。氏於更革學術。調和當世流派以及改良科學之思想。厥功甚偉。

第一百七十六頁第二行 莎士比亞 William Shakespeare。生於一五六四年。沒於一六一六年。英國著名詩家及戲曲家也。

第一百七十七頁第二行 格代 J. W. von Goethe。生於一七四九年。沒於一八三二年。德國詩家文學家而兼科學家者。亦世界之一大文豪也。

第一百七十九頁第四行 福祿特爾 F. M. A. de Voltaire。法國哲學鉅子也。生於一六九四年。沒於一七七八年。氏有著作之天才。識見敏銳。文思適合於當時之潮流云。

第一百九十八頁第七行 雷白尼 G. W. Leibnitz。德國著名哲學家也。生於一六四六年。沒於一七一六年。弱冠授法律博士。旋任大學教授。繼又受命出使巴黎。得與當代名儒恢更斯 Huygens 交互證其所學。無何與英國碩學奈端 Newton 同時發明微積原理。爲科學史開一新紀元。氏之哲學。實介於台史加特多元論及斯賓那莎一元論之間。其言道德也。則以完成 Perfection 爲主旨。而所以達此完成之道。則在箇人之自由。

又注 台史加特 René Descartes。法國哲學鉅子也。生於一五九六年。沒於一六五〇年。今人目之爲近世哲學之祖。氏出校以後。置一切書籍於高閣。將以自求事理之眞也。其求學之術。專由游歷。於是入義勇隊者有年。藉以游名山大川而哲學新術之原理。亦於斯時悟得。而後日則形之著述焉。於一六二一年。氏遂退伍。而仍從事於游歷。至一六二九年始止。嗣後則往荷蘭。幽居二十載。肆意著述。 氏之論哲學也。以爲心與物當分而爲二。而無絲毫之關係。故其不獨研求心之哲學。而於物理數學之發明。其功更爲不朽云。

第二百二頁第一行 利爾 W. Riehl。德國近世哲學家也所著書爲 Der Philosophische Kriticismus

第二百二頁第十行 瓦特 Dr. Ward。愛爾蘭哲學家也書中所引證者見 Dublin Review, July, 1874。

第二百四頁第三行 先林 F. W. J. Von Schelling。德國哲學家生於一七七五年亡於一八五四年。

第二百八頁第二行 丁鐸爾 John Tyndall。愛爾蘭物理學家也生於一八二〇年沒於一八九三年。曾充教授於德美諸國所著亦富書中所引見 "Science and Man" Fortnightly Review, 1877。